Zoom（ズーム） 基本+活用ワザ

田口和裕・森嶋良子・毛利勝久＆できるシリーズ編集部

インプレス

本書の読み方

ワザ
目的や知りたいことからワザを探せます。

手順
手順見出し
大まかな操作の流れがわかります。

解説
操作の前提や意味がわかります。

操作説明
「○○をクリック」などそれぞれの手順での実際の操作です。番号順に操作してください。

HINT
関連する機能や一歩進んだテクニックを解説しています。

22 ビデオ会議を行う
Zoom

ミーティングを予約しよう

第3章 ビデオ会議を開催するには

あらかじめ時間が決まっているビデオ会議なら、当日になってあわてないように、ミーティングを予約しておくことができます。スケジュールしたときにミーティングの参加URLが発行されるので、事前にメールなどでゲストに共有しておいてください。

1 スケジュール設定の画面を表示する

ワザ18を参考に、Zoomのホーム画面を表示しておく

［スケジュール］を**クリック**

15:46

新規ミーティング　参加　スケジュール　画面の共有

今日予定されているミーティングはありません

HINT いますぐミーティングをするか、スケジュールするか

Zoomには、ホームの［新規ミーティング］からいますぐ開始するインスタントミーティングと、スケジュールされたミーティングの2種類があります。スケジュールされた会議は、終了してもホーム画面の［ミーティング］タブから再開できます。インスタントミーティングで自動的に生成したIDは、ミーティングを終了すると無効になります。

64

※ここに掲載している紙面はイメージです。実際のワザのイメージとは異なります。

本書に掲載されている情報について

- 本書で紹介する操作はすべて、2020年9月現在の情報です。
- 本書では、Windows 10もしくはmacOSがインストールされているパソコンで、インターネットに常時接続されている環境を前提に画面を再現しています。またiOS 13.6.1が搭載されたiPhone 11、Android 9が搭載されたXperia 1 SOV40を前提に画面を再現しています。
- 本文中の価格は税抜表記を基本としています。

まえがき

新しいワーキングスタイルとしてすっかり市民権を得たテレワーク、中でもインターネットを活用したビデオ会議は、以前では考えられないほど一般的になってきました。

この本でとりあげるZoomは、パソコンに慣れていない人でも習得がしやすいシンプルな操作性が受け、現在ビデオ会議でもっとも活用されているアプリです。

本書はまったくの初心者がZoomを活用できるようになることを目標に以下の構成で書かれています。

第1章「Zoomを使いはじめよう」では、実際にZoomを使いはじめる前に知っておきたい基本的な知識を紹介します。

第2章「ビデオ会議に参加するには」では、参加者としてビデオ会議に参加する際に知っておきたい操作を説明します。

第3章「ビデオ会議を開催するには」では、ホスト（主催者）としてビデオ会議を開催する手順を紹介します。

第4章「スマートフォンでZoomを使うには」では、パソコンではなくスマートフォンでZoomを使う方法について解説します。

第5章「ビデオ会議の便利な設定を知ろう」では、ビデオ会議の際に知っておくと便利なさまざまな機能や設定について触れます。

第6章「ウェビナーを開催しよう」では、最近増えているウェビナー（ウェブ＋セミナー）について解説します。

通して読むことで、Zoomのほぼすべての機能を理解することができるようになっています。もちろん、必要なところだけをレファレンス的に読むという使い方も可能です。

読者のみなさんがZoomを活用する際、この本を手元に置いて活用していただければ執筆者一同うれしく思います。

2020年9月

田口和裕　森嶋良子　毛利勝久

アプリのインストール方法

本書で紹介するZoomには、デスクトップ用アプリが用意されています。以下を参考にインストールし、無料アカウントを作成しましょう。ウェビナーを行うには、有料アカウントへのアップグレードが必要です（7ページのHINT参照）。

Zoomクライアントをインストールする

1 ダウンロードページを表示する

Webブラウザーを起動しておく

❶ Zoomのホームページに**アクセス**

Zoom
https://zoom.us/

❷［リソース］にマウスポインターを**合わせる**

❸［Zoomをダウンロード］を**クリック**

HINT Mac版アプリとアカウント作成について

Mac版アプリのインストールは、まず手順1～2を参考にインストーラーをダウンロードしたあと、ファイルをダブルクリックして、画面の指示に従ってインストールします。その後、5ページの手順1で、画面上部にある［無料でサインアップ］をクリックして、無料アカウントを作成します。

2 Zoomクライアントをインストールする

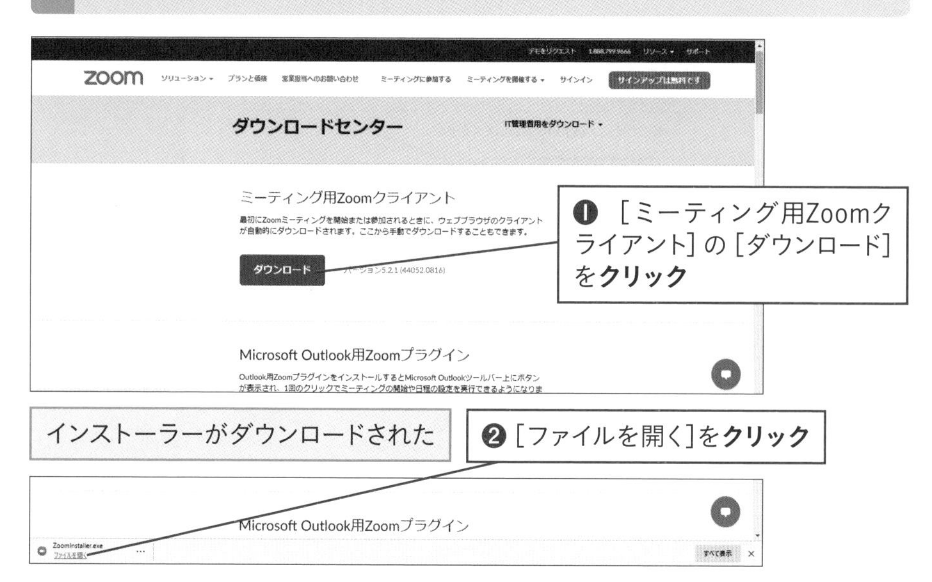

❶［ミーティング用Zoomクライアント］の［ダウンロード］を**クリック**

インストーラーがダウンロードされた

❷［ファイルを開く］を**クリック**

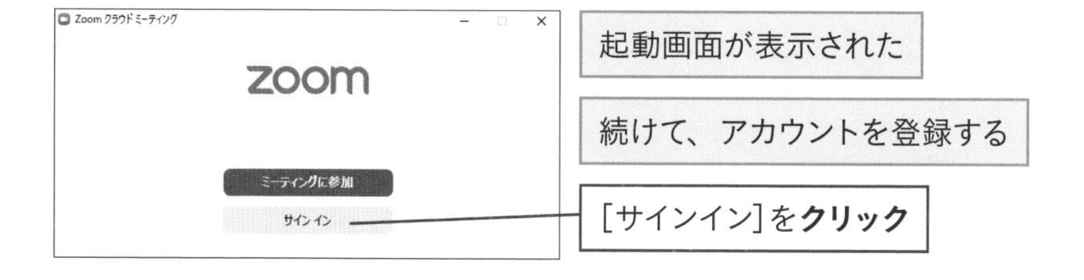

3 Zoomクライアントがインストールできた

起動画面が表示された

続けて、アカウントを登録する

［サインイン］を**クリック**

Zoomアカウントを登録する

1 アカウント登録を開始する

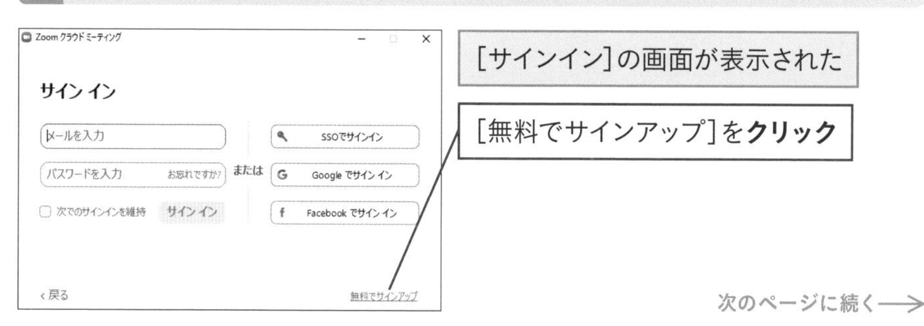

［サインイン］の画面が表示された

［無料でサインアップ］を**クリック**

次のページに続く→

2 誕生日とメールアドレスを入力する

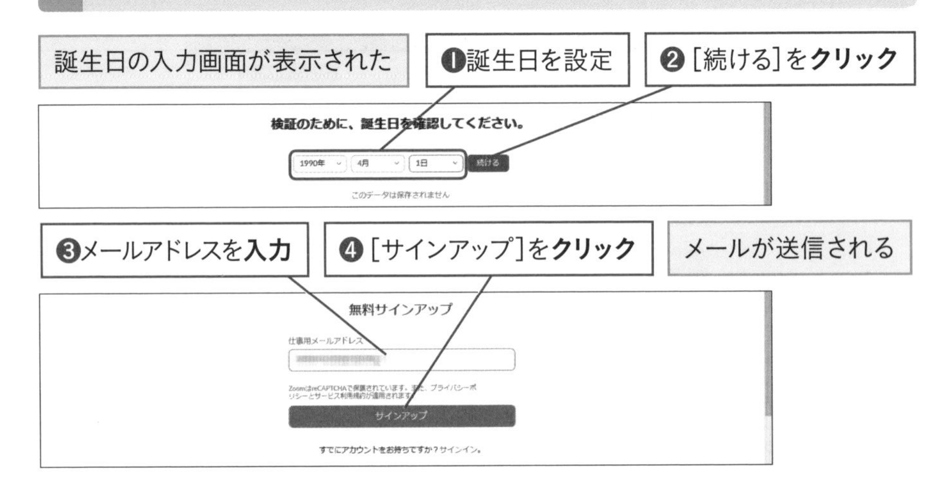

3 メールを確認する

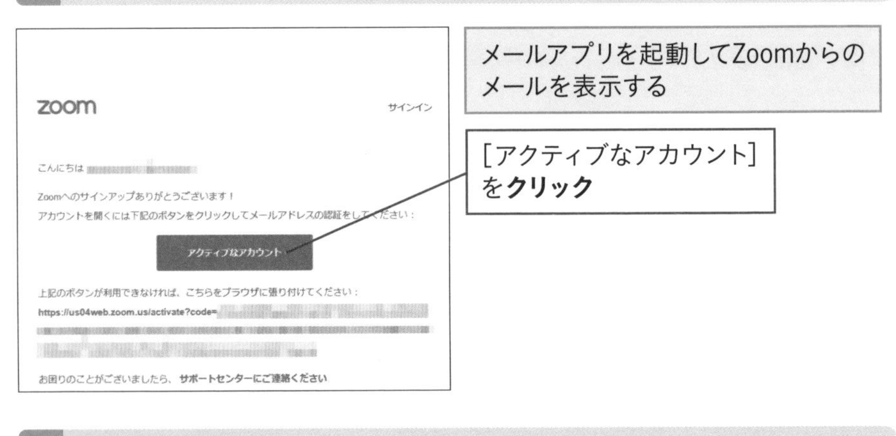

4 使用目的を選択する

教育目的でのサインインかを確認する画面が表示された

ここでは仕事用なので［いいえ］を選択する

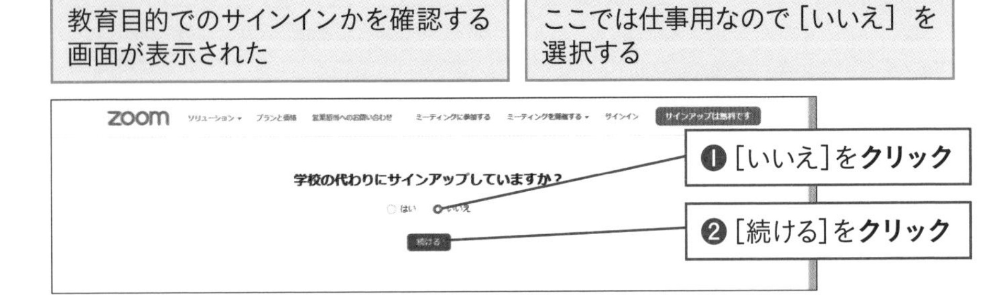

5 氏名とパスワードを入力する

[Zoomへようこそ]の画面が表示された

❶表示名として使う氏名を**入力**

❷パスワードを2回**入力**

❸ [続ける]を**クリック**

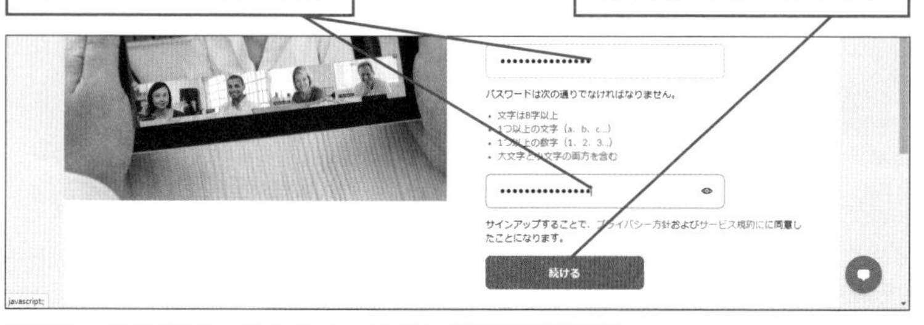

[仲間を増やしましょう。] の画面で [手順をスキップする] をクリックする

[テストミーティングを開始] の画面では、何も操作せずにWebブラウザーを閉じる

HINT 有料アカウントにアップグレードするには

ワザ20を参考にWebブラウザーで [プロフィール] の画面を表示したあと、[アカウント管理] - [支払い] - [アカウントをアップグレード]の順にクリックします。その後、プランの種類とオプションを選択して、クレジットカードで利用料金を支払います。

[アカウントをアップグレード]を**クリック**

目次

第2章 ビデオ会議に参加するには

第3章 ビデオ会議を開催するには

第4章 スマートフォンでZoomを使うには

—— スマホでZoomを使う

第5章 ビデオ会議の便利な設定を知ろう

第6章 ウェビナーを開催しよう

用語集

Zoomのミーティングやウェビナーには聞きなれない用語があります。ここでは覚えておきたい用語を簡単に解説しました。

ミーティングの用語	
インスタント ミーティング	予約（スケジュール）するのではなく、アプリの［新規ミーティング］などからその場ではじめるビデオ会議。いったん終了したら再開できない。
画面共有	Zoom を実行しているパソコンに保存されている資料をほかの参加者にも表示して、一緒に見ることができる機能。表示ウィンドウやデスクトップ全体のほか、ホワイトボード、クラウドにあるファイルを表示できる。
ギャラリービュー	会議の参加者をサムネイル表示（グリッド表示）で一覧表示する画面。1 つのページに、デフォルトで 25 人、パソコンの性能が十分にあれば設定で 49 人まで表示できる。
ゲスト	Zoom のアカウントを持っていない人でも、参加するための URL がわかれば、ゲスト参加者としてミーティングに加わったり、ウェビナーを視聴することができる。
個人ミーティング ID (PMI)	ユーザーそれぞれに割り当てられる個人的な会議室の ID。親しい知人と頻繁にインスタントミーティングをするなら、ミーティング ID として PMI を利用すると、同じ参加 URL を何度も再利用することができる。
スピーカービュー	Zoom で 2 つある見え方の 1 つで、参加者の中でも話をしている人が大きく表示される。スピーカービューとギャラリービュー（一覧表示）は、画面の上部のボタンで切り替えられる。
チャット	同じミーティングに参加しているほかのユーザーに、テキストのメッセージを送ることができる機能。会議室全体だけでなく、ユーザー個人にプライベートメッセージを送ることもできる。
注釈	ミーティング参加者が、画面共有されたウィンドウや資料に線を引いたりテキストを書き込んだりできる機能。ミーティングのホストは、出席者の注釈を無効にできる。
バーチャル背景	ミーティングに参加する際に、自分の背景として任意の画像（または動画）を設定できる機能。自宅からミーティングに参加するときに部屋の様子が見えないようにするなどのメリットがある。
パスコード	ミーティングの参加者がアクセス用のミーティング ID とともに提供される英数字 6 文字からなるミーティング固有のコード。自動生成され自分で決めることはできない。
パスワード	Zoom アカウントにログインする際にメールアドレスと共に使用する認証用の文字列。自分で自由に設定できるが英数字 6 文字以上、同一文字の繰り返し禁止といった制限がある。
ビデオフィルター	カメラで撮影した映像に、カラーフィルター（白黒、セピア）やフレーム（テレビ、劇場）、アクセサリー（マスク、サングラス）といった効果を加えることができる機能。

ファイル共有	ミーティングのチャット機能を使って、資料や画像といったファイルを参加者に送信・配布する機能。パソコン内にあるファイルだけではなく、Dropbox や Microsoft OneDrive といったクラウドストレージも利用できる。
ブレイクアウトルーム	ミーティングに参加している参加者を小さなグループに分けることができる機能。ホストは最大 50（最大人数は 200 名）のブレイクアウトルームを作成できる。
ホスト	ミーティングの主催者のこと。メールアドレスだけで参加できる一般の参加者と異なり Zoom のアカウントが必要になる。参加者の管理や録画・録音の許可など、参加者にはないたくさんの権限を持っている。
ホワイトボード	実際のホワイトボード同様、自由に絵や文字を書くことができるスペース。［画面共有］-［ホワイトボード］を選択することで利用できる。画面上部の操作パネルでペンの太さや色などを変えられる。
待合室	参加者のミーティングルームへの入室をホスト側でコントロールできる機能。待合室を有効にすると、ホストの許可がない限りミーティングに参加できない。いたずらやセミナー準備中の入室などを防ぐ効果がある。
ミーティング	Web 会議、オンライン会議のことを Zoom ではミーティングと呼ぶ。無料プランでは最大 100 人、有料プランでは最大 1000 人がミーティングに参加できる。
ミーティング ID	それぞれのミーティングに関連付けられた個別の番号のこと。参加用リンクをクリックするほかに、ホーム画面の［参加］をクリックし、ミーティング ID を入力する方法でもミーティングに参加できる。
ミュート	マイクをオフにすること。多人数が参加するミーティングの場合は、発言者以外はミュートにしたほうが、ノイズが入らず音声が聞きとりやすい。
ロック	ミーティング開始後にロックをかけると、それ以降は新しい出席者が参加できなくなる。予定した参加者が揃ったらロックをかけるようにすると、不審者が参加することを防げる。

ウェビナーの用語

アンケート	ウェビナーの出席者に対して、アンケートを送ることができる。アンケートは選択式で、リアルタイムで集計結果を確認できる。結果を出席者と共有することも可能。
クロマキー用グリーンスクリーン	クロマキーとは、特定の色の部分に別の映像を合成する技術のこと。グリーンスクリーン（緑色の布やスクリーン）を背後に垂らせば、背景を別の映像に変更できる。バーチャル背景をきれいに映すのに効果的。
質問	ウェビナーの出席者は、ホストやパネリストに対して、質問をテキストで入力して送信できる。ホストやパネリストは質問に対して回答できる。
出席者	Zoom のウェビナーでは一般の視聴者のことを出席者という。ホストやパネリストに対して映像や画面を送ることはできないが、質問やチャットを送ることはできる。ホストが許可すれば音声の質問も可能。
パネリスト	ウェビナーで講演を行う役割のこと。映像の配信の開始・終了や、画面共有など、講演に必要な操作を行う権限がある。アンケート開始、出席者の管理などは行うことができない。

第1章

Zoomを使いはじめよう

01　Zoomをはじめよう
02　Zoomの仕組みについて知ろう
03　Zoomにおすすめな機材
04　Zoomの画面と各部名称
05　マイクやカメラをテストしておこう
06　安心・安全に使うために

Zoomをはじめよう

Zoom（ズーム）は普通のパソコンやスマートフォンにアプリをインストールするだけで利用できるビデオ会議システムです。1対1の小規模なものから数百人規模のオンラインセミナーまで対応でき、操作も比較的簡単なので、テレワークには欠かせないツールとして注目されています。

Zoomでできること

●ミーティング

メールアドレスとインターネット回線さえあれば、どこでもビデオ会議（ミーティング）を主催・参加することができます。1対1はもちろん、人数が増えても映像と音声が乱れにくく安定しているのが最大の特徴です。

無料プランでも100人までのミーティングが主催できる

●研修やオンラインセミナー（ウェビナー）

これまでオフラインが主流だった社員研修やセミナーを、オンライン上で行うこともできます。ホワイトボードや画面共有など、講師が便利に使える機能も多数用意されています。また、セミナーの内容を「Facebook Live」や「YouTube」にリアルタイムで配信することも可能です。

ウェビナーは最大10,000人規模（有料）まで可能

●オンライン飲み会などのコミュニケーション

Zoomはビジネス用途だけのツールではありません。離れた場所に住んでいる家族や恋人とのコミュニケーションや、テレワークが続きなかなか会えない同僚や友だちとのオンライン飲み会、動画配信やゲーム実況プラットフォームとしての利用など、工夫次第でさまざまな用途に利用することができます。

HINT　スマートフォンやタブレットでも使える

パソコンで利用することが多いZoomですが、アプリをダウンロードすることでスマートフォンやタブレットでも問題なく利用することができます。詳しくは第4章を参照してください。

Zoomの仕組みについて知ろう

Zoomには無料プランと3種類の有料プランがあります。ほとんどの基本的な機能は無料プランでも使えますが、利用時間や参加人数などの制限がかかる部分もあるので、長時間のミーティングや大規模なセミナーなどの予定がある場合は有料プランを検討する必要があります。

4つのプランについて知る

●Zoomの料金プラン

Zoomの料金プランは、無料で利用できる「基本」プラン、小規模企業向けの「プロ」プラン、中小企業向けの「ビジネス」プラン、大企業向けの「企業」プランの4種類が用意されています。参加人数や利用時間のほかに、録音・録画データの保存場所や独自ドメイン利用の可否などの違いがあります。

	基本	プロ	ビジネス	企業
料金	無料	1ホストあたり月額 2,000円 (最大9ホスト)	1ホストあたり月額 2,700円 (ホスト10台から)	1ホストあたり月額 2,700円 (ホスト100台から)
用途	パーソナル	小規模	中小企業	大企業
ホストできる参加人数	100人	100人	300人	500人／1,000人
時間制限	40分	24時間	無制限	無制限
ウェビナー	×	オプション (追加料金)	オプション (追加料金)	○
その他	1対1の利用は 時間無制限	録画データを クラウドに保存	独自ドメインの 利用	大規模ミーティング が標準装備

無料プランと有料プランで違うこと

●利用時間の違い

1つのミーティングの利用時間には、基本プランで40分、プロプランで24時間の利用時間制限があります。また、ビジネス、企業プランは無制限です。なお、1対1のミーティングはどのプランでも無制限になっています。

●録音・録画データの保存場所の違い

Zoomではミーティングの内容を録音・録画して、議事録の代わりにすることができます。基本プランの場合、データは自分のパソコンに保存されますが、有料プランではクラウドに保存することが可能なので、URLリンクを送信するだけで、いつでもほかの人にミーティング内容を共有できます。

●ホストとゲストの違い

Zoomにはミーティングを主催し、ミーティングの開始・終了や参加メンバーの管理などを行う「ホスト」と、ホストが主催するミーティングに参加する「ゲスト」という2種類の役割があります。ホストとゲストではできることが違うため、その違いを理解しておきましょう。

ホストのミーティング画面では［セキュリティ］が表示され、ミーティングをロックするなどの設定ができる

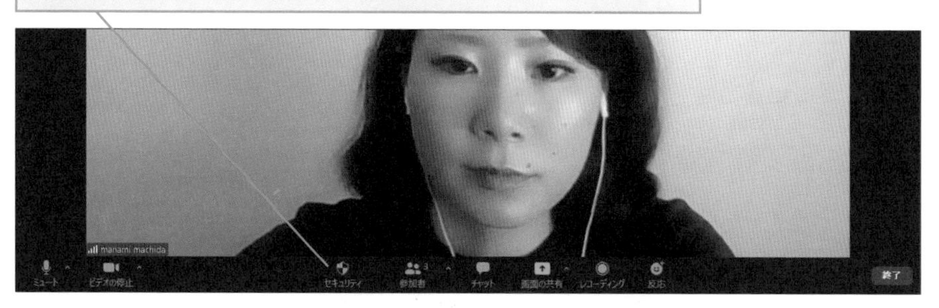

HINT 共同ホスト機能とは

大人数のゲストが参加するミーティングでは、ホスト1人ではやることが多すぎて手が回らなくなるときがあります。そういった場合、ホストはほかのメンバーを共同ホストに指定して一部の作業を手伝ってもらえます。詳しくはワザ29を参照してください。

Zoomにおすすめな機材

Zoomを利用するためには、Zoomのアプリをインストールしたパソコン、またはスマートフォンやタブレットがあれば基本的には大丈夫ですが、マイクやヘッドホンといった、ここで紹介する機材を導入すれば、より快適にZoomを利用することができます。

ミーティングの場合

パソコンでZoomを利用する場合、最低限必要なものはマイク、カメラ、スピーカー（ヘッドホン・イヤホン）の3つです。最近のノートパソコンにはたいていその3つは付属していますが、デスクトップパソコンには付いていないこともあるので、その場合は購入が必要です。

●ヘッドセットがおすすめ

パソコン付属のスピーカーで音声が聞きとりにくい場合は、イヤホン・ヘッドホンの購入を検討してみましょう。その際マイクとヘッドホンが一体型になったヘッドセットと呼ばれる製品にすれば、マイクもグレードアップするため、相手に自分の声も聞こえやすくなり一石二鳥です。

ヘッドホンとマイクが一体になったヘッドセット

ウェビナーの場合

●基本の機材

ウェビナーをゲストとして閲覧する場合は、パソコンと必要に応じてイヤホン・ヘッドホンを用意すれば十分です。ホストとしてウェビナーを開催する際は、高性能なカメラ、マイクなどを別途用意すると、よりクオリティーの高いウェビナーを実施することができます。

●あるとよいもの

上記で紹介した機材のほかに、資料を映すためのサブモニター、照明機材やクロマキー用のグリーンスクリーン、タイムキープ用の大きな時計などもあるといいでしょう。また、万が一の場合に備えたバックアップ用の環境（予備のパソコンとインターネット回線）を用意しておくと万全です。

LEDリングライトの使用例

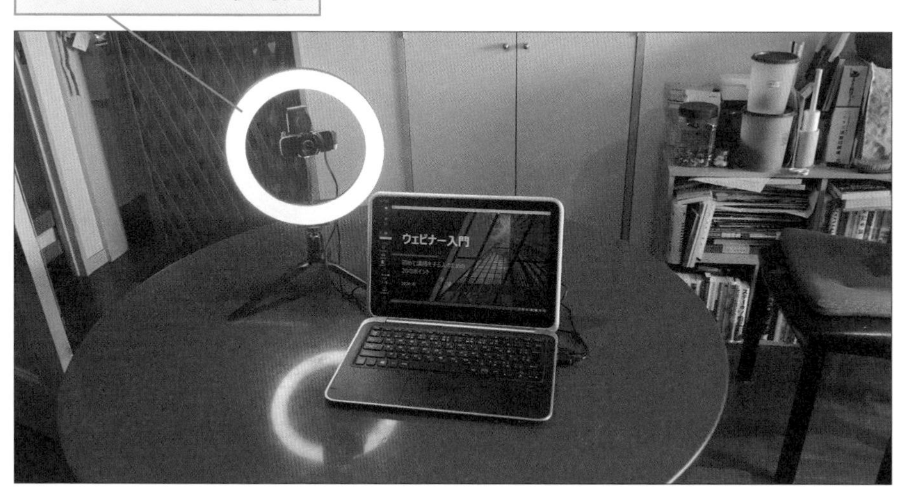

Zoom

Zoomの画面と各部名称

Zoomは慣れてしまえばあまり操作に悩むことのないシンプルなアプリです。ここではまずアプリの起動後に表示されるホーム画面と、実際にミーティングを行っている画面に表示される各種ボタンの名称と機能を紹介します。使いはじめる前に概要をイメージしておきましょう。

Zoomアプリの画面構成

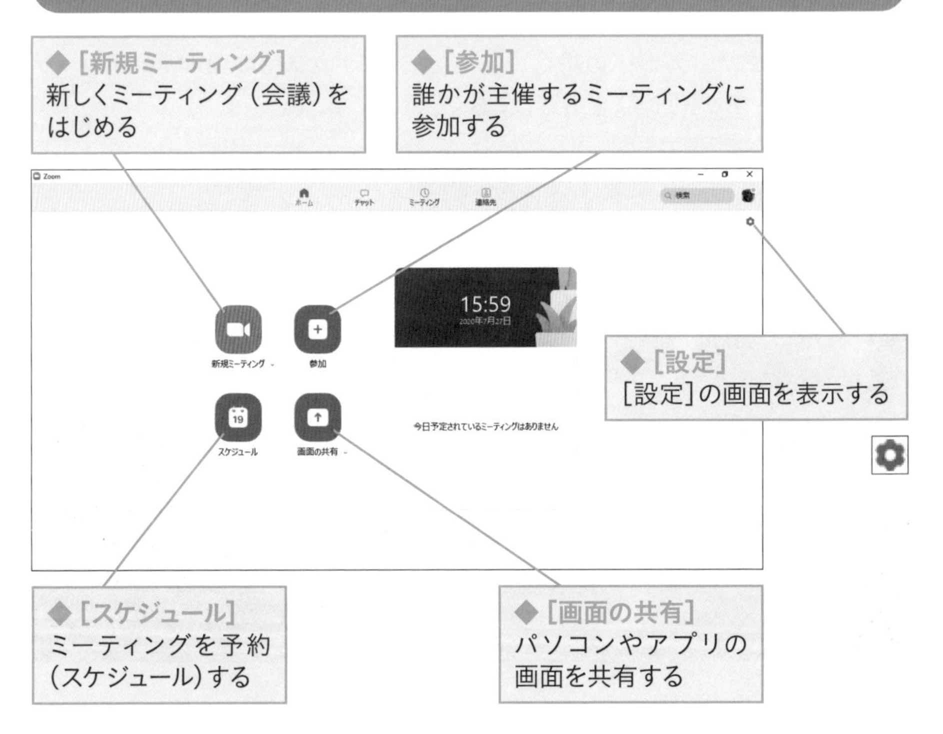

ミーティング画面の構成

❶［ミュート］
自分のマイクの音声をミュート（消音）します

❷［ビデオの停止］
自分のカメラの映像を停止します

❸［セキュリティ］
ホストだけに表示されるボタンです。ミーティングのロックや参加者の権限を変更できます

❹［参加者］
ミーティングの参加者を表示します

❺［チャット］
［チャット］の画面を表示します

❻［画面の共有］
パソコンやアプリの画面を共有します

❼［レコーディング］
ミーティングをレコーディング（録音／録画）します

❽［反応］
賛成や拍手などの絵文字を表示します

❾［終了］
ミーティングを終了（または退出）します

マイクやカメラをテストしておこう

Zoomを利用する際のトラブルで一番多いのは「自分の顔が映らない」「自分の声が届いていない」というものです。Zoomにはあらかじめカメラとマイクが正しく動作するかテストする機能が用意されているので、会議をはじめる前にまずはこの機能で確認しておきましょう。

1 ミーティングテストに参加する

Webブラウザーを起動しておく

❶［ミーティングテストに参加］のWebサイトに**アクセス**

ミーティングテストに参加
https://zoom.us/test

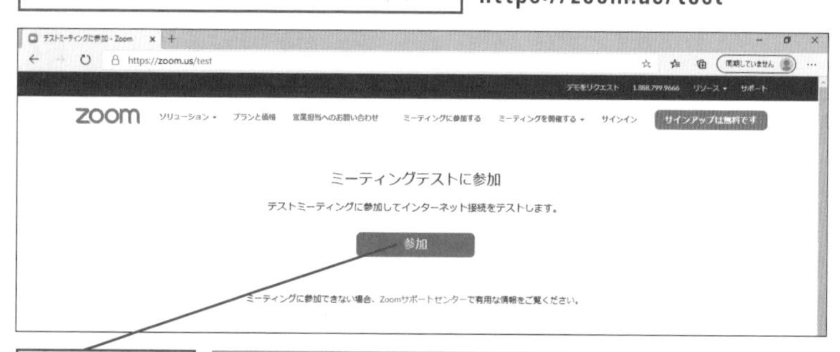

❷［参加］を**クリック**

Zoomの起動を確認する画面が表示される

❸［開く］を**クリック**

2 参加方法を選択する

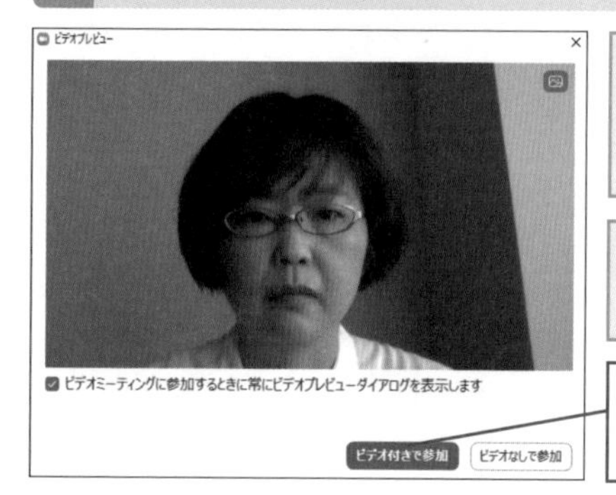

名前の入力画面が表示されたときは、表示名を入力して［ミーティングに参加する］をクリックする

［ビデオプレビュー］の画面が表示された

［ビデオ付きで参加］を**クリック**

3 カメラとスピーカーをテストする

ミーティング画面で自分の顔が画面に表示された

スピーカーのテストとして着信音が流れる

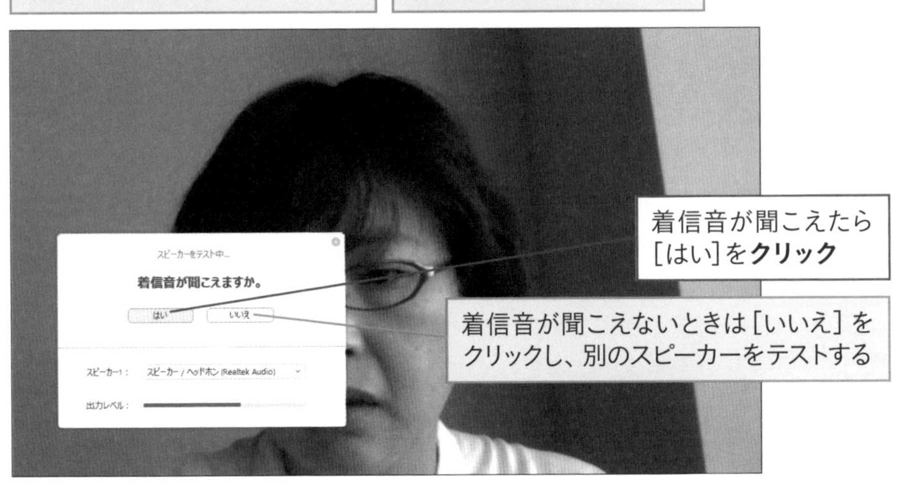

着信音が聞こえたら[はい]を**クリック**

着信音が聞こえないときは[いいえ]をクリックし、別のスピーカーをテストする

4 マイクをテストする

❶マイクに向かって**話す**

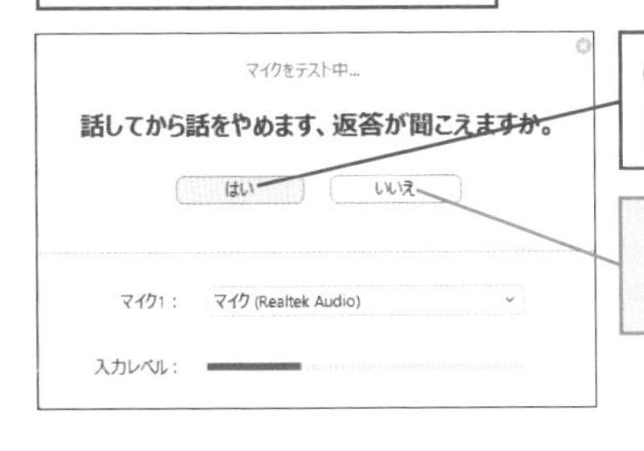

❷自分の声が聞こえたら[はい]を**クリック**

マイクに問題があるときは[いいえ]をクリックし、別のマイクをテストする

5 ミーティングテストが終了した

スピーカーとマイクは良好です

スピーカー：　スピーカー / ヘッドホン (Realtek Audio)
マイク：　マイク (Realtek Audio)

コンピューターでオーディオに参加

テストが問題なく終了した

ミーティング画面の[退出]をクリックし、[ミーティングを退出]をクリックしておく

安心・安全に使うために

Zoomは自分だけではなく、たくさんの人が同時にアクセスして利用するツールですので、セキュリティには細心の配慮が必要です。アップデートを見逃さず常に最新のアプリを利用することはもちろん、ミーティングIDやパスコードなど大切な情報が外部に漏れない配慮も重要です。

対策①こまめにアップデートを

古いバージョンのZoomアプリはIPAなどの専門機関から警告が発せられるような深刻なセキュリティ脆弱性が報告されていましたが、現在はすべてが修正されたバージョンのアプリが配布されています。
これから新たにZoomを使いはじめる場合は、最新版を使うことになりますが、すでにZoomアプリをインストールしている場合は、脆弱性が報告されている古いバージョン（4.6.9以前）のままになっている可能性があるので、バージョン確認とアップデートを必ず行ってください。
また、今後もセキュリティに関する修正が行われるたびに最新版のアプリが配信されます。その場合、画面上部に［新しいバージョンを使用できます。更新］と表示されるので、［更新］をクリックしてアップデートを行ってください。
詳しくはワザ50を参照してください。

メッセージが表示されている場合は［更新］をクリックする

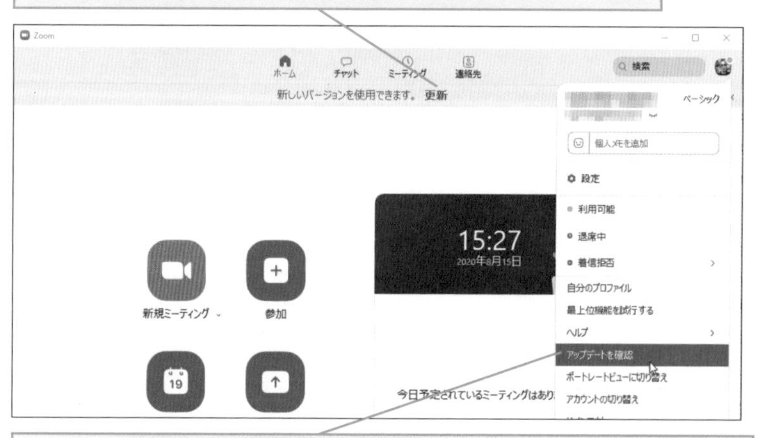

ワザ50を参考に［アップデートを確認］をクリックしても確認できる

対策②ミーティングの情報を外部に漏らさない

悪意ある第三者が無関係のZoomのミーティングに侵入し、画面共有で不快な画像を表示したり、チャットで不快な発言を書き込んだりといった、いわゆるあらし行為が報告されています。

原因としては、SNSや掲示板などにいたずら目的で流出したZoomのミーティングIDやパスコードが書き込まれるというパターンが多いため、ミーティングIDやパスコードは、メールやメッセンジャーといった1対1の通信手段で連絡するようにし、不特定多数の目に触れるSNSなどで共有しないという意識の徹底が大前提となります。

また、ミーティングのホストのみに表示される［セキュリティ］をクリックすると、いたずらを制限できる機能がいくつか表示されます。

一番効果があるのが［ミーティングのロック］です。全参加者が入室した時点でロックしてしまえば、ホストを含め、今参加している以外の人が会議室に入ることができなくなります。

待合室を使用すれば、参加者は待機室にいったん入り、ミーティングの主催者が、個々の参加者を確認したうえで、参加を許可することができます。画面の共有やチャットの利用を禁止することも可能です。

さらに、ホストは参加者を強制的にミュートしたり、ミーティングから退出(BAN)させたりすることも可能です。

このような作業でホストの負担が大きくなってしまう場合は、共同ホストを設定して手伝ってもらうのもいいでしょう。

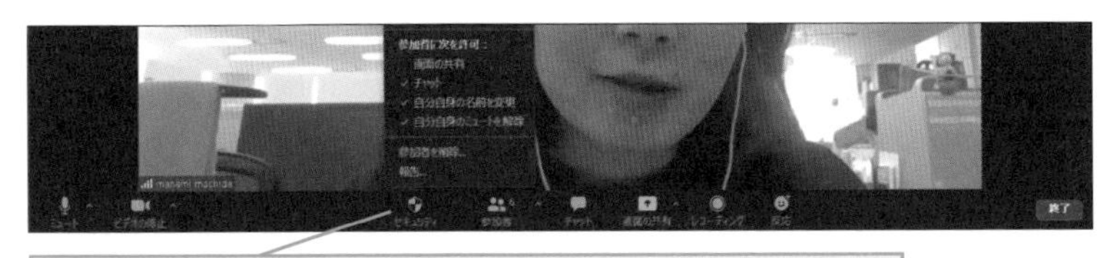

［セキュリティ］をクリックするとメニューが表示される

HINT フリー Wi-Fiは使わない

出先でもインターネットに接続できるフリー Wi-Fiは便利な存在ですが、同時に危険でもあります。なぜなら、誰でも使えることから悪意ある第三者が通信内容を盗もうとする可能性があるからです。社外秘の情報を扱う場合などは、パスワード付きWi-Fiであっても使わないほうが無難です。

COLUMN

Zoomを利用するのに必要な回線スピードは

自宅からミーティングに参加する場合、気になるのはインターネットの回線スピード。Zoomをストレスなく利用するためにはどの程度の回線を用意するべきでしょうか?
実は、Zoomが利用する帯域幅は、参加人数や回線品質などの環境にあわせて音声や画像が途切れないよう最適な状態に調整されます。つまり、高速回線が用意されていれば高画質で、回線速度が遅ければ画質は下がるものの音声は途切れることなく利用できるため、極端に遅い場合を除けば、ほぼどんな環境でも利用できるといっていいでしょう。
ただし、スマートフォンのモバイル回線を利用する場合、速度的な問題はありませんが、データ通信量はそれなりにあるので、できればWi-Fiを使ったほうがいいでしょう。

	1対1のミーティング	グループミーティング
標準品質	600kbps	800kbps/1.0Mbps
720p HDビデオ	1.2 Mbps	1.5Mbps
1080p HDビデオ送信	1.8 Mbps	2.5Mbps
1080p HDビデオ受信	1.8 Mbps	3.0Mbps

グループミーティングでは標準画質で1Mbps、HD画質で1M ～ 3Mbpsの帯域があれば十分

第2章

ビデオ会議に参加するには

ビデオ会議を行う

ミーティングに参加しよう

ミーティングに参加するには、ミーティング情報をメールなどで教えてもらう必要があります。メール内のURLをクリックすると、自動的にZoomのアプリが起動してミーティングに参加できます。参加の前に、カメラ映りや音声の設定も確認できるので安心です。

1 招待されたミーティングに参加する

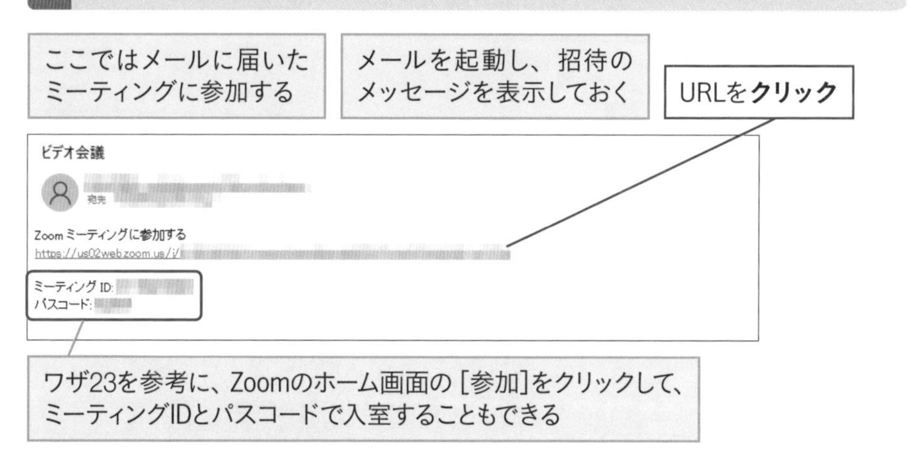

2 Zoomアプリを起動する

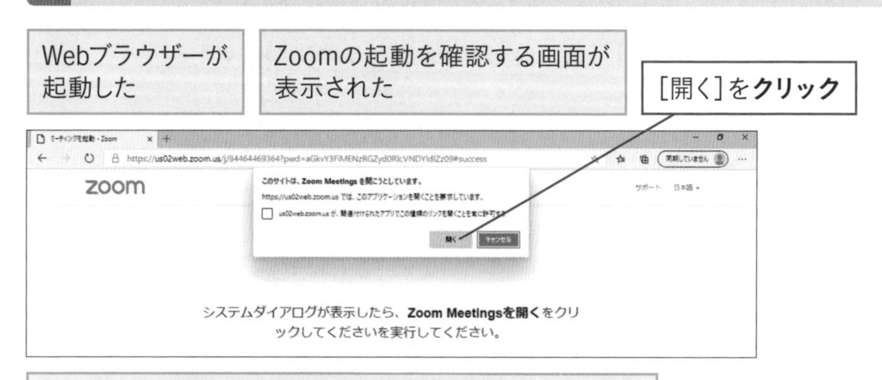

名前の入力画面が表示されたときは、表示名を入力して［ミーティングに参加］をクリックする

3 参加方法を選択する

[ビデオプレビュー] の画面が表示された

[ビデオ付きで参加]を**クリック**

4 参加許可を待つ

ミーティングの待機画面が表示された

主催者が参加を許可するまで**待つ**

Zoom ミーティング

ミーティングのホストは間もなくミーティングへの参加を許可します、もうしばらくお待ちください

Akie HataのZoomミーティング

2020/08/21

主催者が参加を許可したら、次の画面で[コンピューターでオーディオに参加]をクリックする

5 ミーティングに参加できた

ビデオ会議を行う

マイクをミュートするには

ミーティングの参加者は、好きなタイミングで自分のマイクをミュートにしたりオンにしたりすることができます。こちらの音を相手に届けたくないときには、マイクをミュートしておきましょう。クリックするだけで簡単に切り替えることができます。

1 マイクをミュートする

ワザ07を参考に、ミーティングに参加しておく

[ミュート]を**クリック**

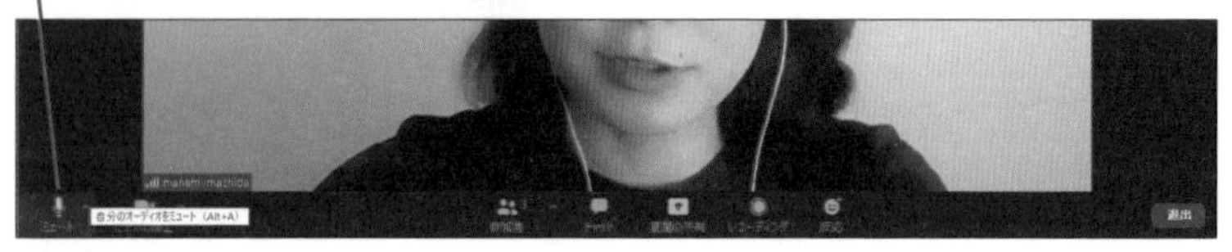

2 マイクをミュートできた

マイクがオフになった

ビデオ画面にミュートのアイコンが表示された

3 マイクをオンにする

［ミュート解除］を**クリック**

HINT こんなときはマイクをミュートしよう

特殊なマイクを使っていれば別ですが、通常のパソコンやスマートフォンのマイクを使っている場合、ささいな周囲の音も拾ってしまうことが多くあります。紙をめくる音や救急車のサイレンなど、自分では気が付かないような雑音が参加者全員に聞こえてしまい、迷惑をかけることがあるので注意が必要です。特に大勢参加するミーティングでは、話をしている人以外はマイクをミュートにしておいたほうがよいでしょう。

09

ビデオ会議を行う

マイクやカメラの調子がよくないときは

ミーティングに参加してみたものの、自分の声が相手に聞こえなかったり、ビデオの映像が映らなかったりといったトラブルが発生することがあります。そのような場合は、マイクやスピーカー、カメラの設定を確認し、使用する機器を切り替えてみましょう。

1 マイクとスピーカーの一覧を表示する

ワザ07を参考に、ミーティングに参加しておく

[ミュート]のここを**クリック**

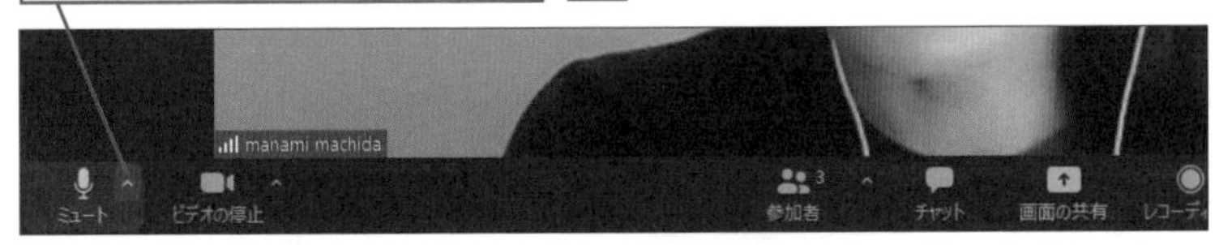

2 マイクとスピーカーを切り替える

使用可能なマイクとスピーカーが表示された

❶[マイク]の[システムと同じ]を**クリック**

❷利用するスピーカーとマイクを**クリック**

3 マイクとスピーカーが切り替わった

マイクとスピーカーを切り替えられた

［スピーカー＆マイクをテストする］を**クリック**

ワザ05を参考にマイクとスピーカーをテストする

HINT エコーやハウリングが起きたときは

エコーとは同じ音がこだまのように何重にも響くこと、ハウリングは「キーン」という不快な音がすることをいいます。これらのよくあるトラブルは、マイクがスピーカーの音を拾ってしまうために発生します。トラブルを解決するには、マイクとスピーカーの位置を調節したり、エコーキャンセリングやノイズキャンセリング付きのマイクを選ぶ、ヘッドセットを利用することなどを試してみましょう。

HINT 外付けのマイクやスピーカーを使っているときは

パソコンでオーディオを楽しんでいる人など、別途外付けのマイクやスピーカーを使っている場合は、手順2の［マイク］や［スピーカー］の項目で、複数のスピーカーやマイクが表示されます。使用したいものを選びましょう。

オーディオを調整するには

ミーティングをする際に、周りがうるさかったり、キーボードをたたく音が響いたりするときは、［設定］の画面の［オーディオ］にある［背景の雑音を抑制する］の機能を使ってみましょう。人の声以外の音を自動的に消去してくれるので、話の内容が聞きとりやすくなります。

1 ［オーディオ］の設定画面を表示する

ワザ07を参考に、ミーティングに参加しておく

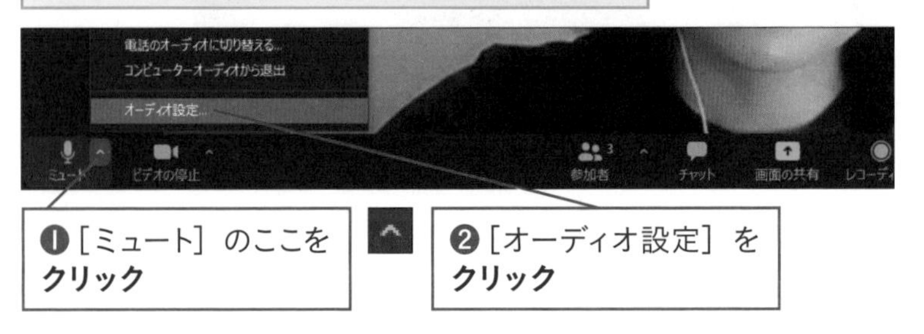

❶［ミュート］のここを**クリック**

❷［オーディオ設定］を**クリック**

2 背景の雑音を抑制する

［設定］の画面の［オーディオ］が表示された

［背景雑音を抑制］の［自動］を**クリック**

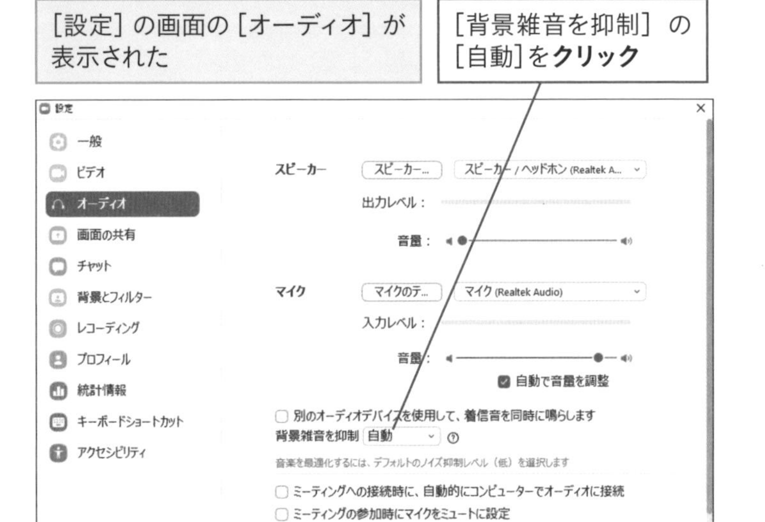

3 背景の雑音の抑制レベルを［高］に設定する

ここでは、抑制レベルを［高］に設定する

❶［高］を**クリック**

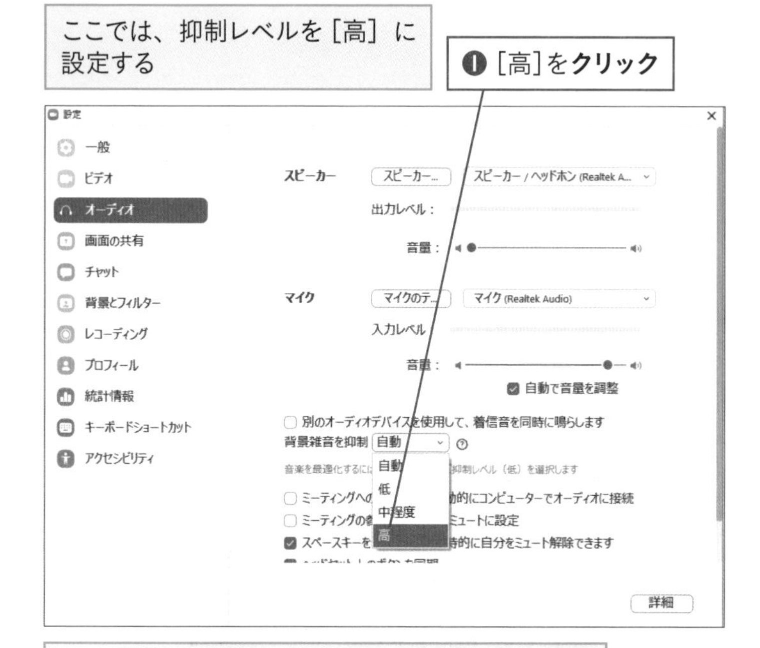

はじめて［高］を選択したときは、オーディオ拡張パッケージをダウンロードする画面が表示される

❷［ダウンロード］を**クリック**

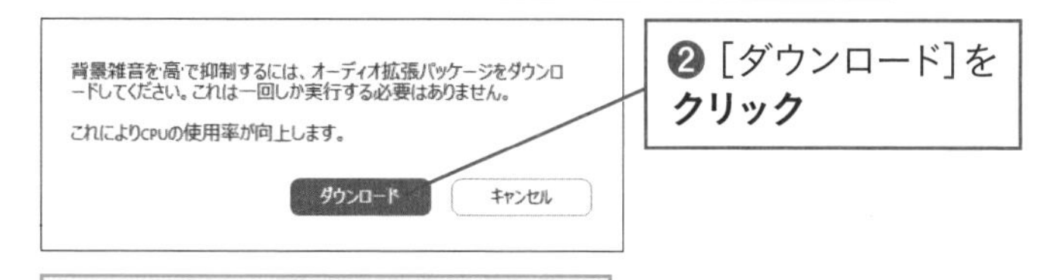

抑制レベルを［高］に設定できた

HINT 音質をよくするには

周囲の雑音を抑制する機能を使うと、話し声が聞きとりやすくなる一方で、ほかの音は聞こえづらくなります。また、話し手の声も変わってしまいます。声質を忠実に伝えたいときや、音楽を流したいときは、抑制のレベルを［低］にしてみましょう。よい音質でビデオ会議ができるようになります。

ビデオを調整するには

画面が暗いと感じたときに、実際に照明を当てなくても、Zoomのビデオ設定で明るく調整することが可能です。また、ビデオのオン/オフは簡単に切り替えられます。会議中にちょっと席を立ったりするときなどは、こまめにビデオをオフにするとよいでしょう。

明るさを調整する

1 [ビデオ]の設定画面を表示する

ワザ07を参考に、ミーティングに参加しておく

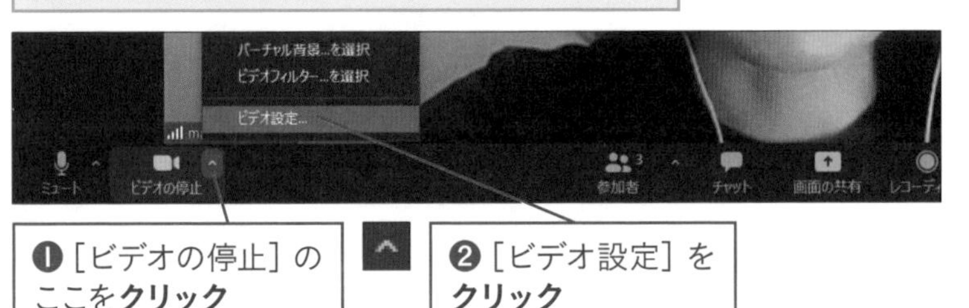

❶[ビデオの停止]のここを**クリック**

❷[ビデオ設定]を**クリック**

2 明るさを調整する

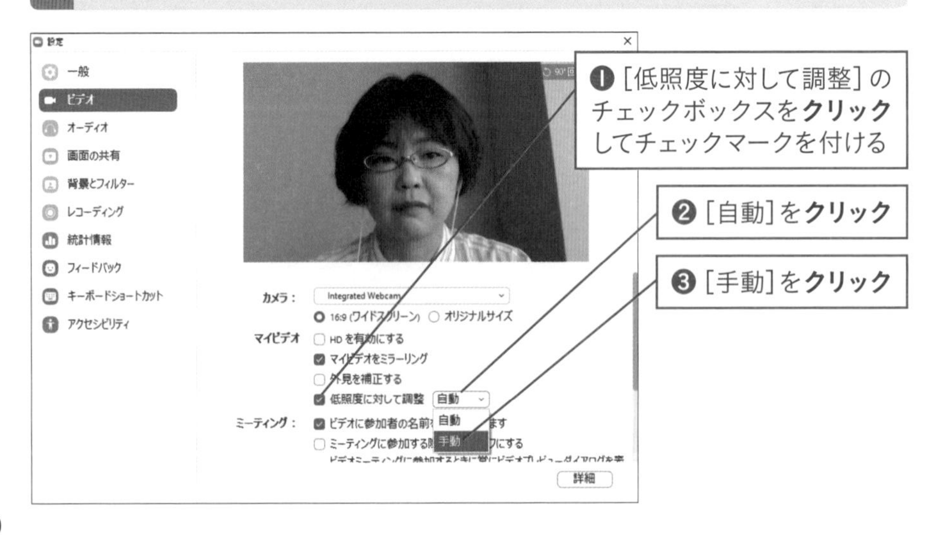

❶[低照度に対して調整]のチェックボックスを**クリック**してチェックマークを付ける

❷[自動]を**クリック**

❸[手動]を**クリック**

3 手動で明るさを調整する

スライダーが表示された

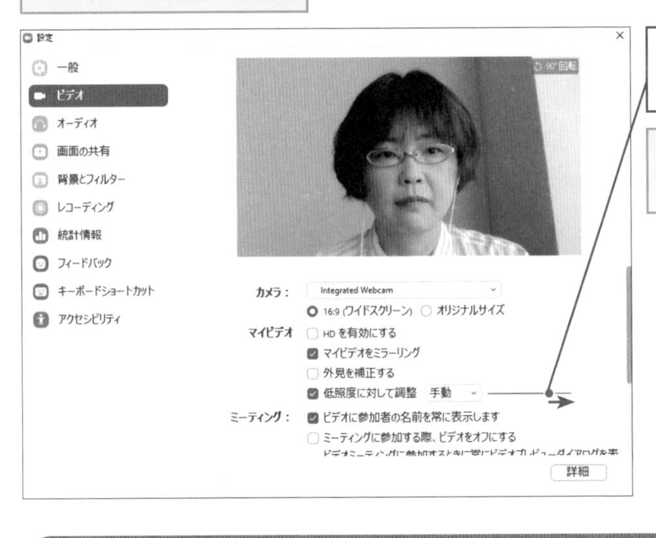

スライダーを右へ**ドラッグ**

映像がさらに明るくなる

ビデオをオフにする

1 ビデオをオフにする

ワザ07を参考に、ミーティングに参加しておく

[ビデオの停止] を**クリック**

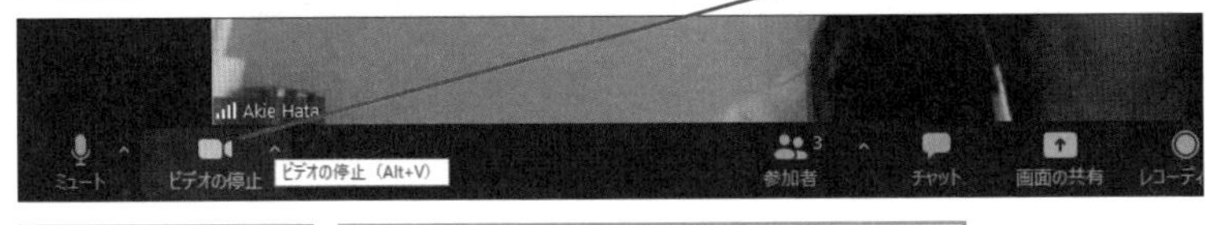

ビデオがオフになる

[ビデオの開始] をクリックすると、ビデオがオンになる

HINT そのほかのビデオ調整

ビデオの設定画面では、ほかにもいろいろな調整を行うことができます。[外見を補正する]では、顔のシミやシワをぼかした「美肌効果」が有効になります。また、[マイビデオをミラーリング] は、自分の画面を鏡に映ったように左右反転する機能です。

Zoom

画面のビューを切り替えよう

Zoomの画面の表示方法には2種類あり、自分で切り替えられます。［スピーカービュー］は話している人が大きく表示されるので、ウェビナーのように1人がメインで話をする場合に適しています。［ギャラリービュー］にすると、全員が同じ大きさで並んで表示されます。

1 ［ギャラリービュー］に切り替える

ワザ07を参考に、ミーティングに参加しておく

［ギャラリービュー］を**クリック**

HINT ギャラリービューの最大表示人数を増やす

ギャラリービューで表示できる最大人数は25人ですが、設定を変更すれば49人まで表示することが可能です。［設定］の画面にある［ビデオ］の項目で［ギャラリービューで1画面に最多49人の参加者を表示する］にチェックマークを付けます。［設定］の画面の表示方法はワザ47を参照してください。

2 [ギャラリービュー]に切り替わった

ミーティング参加者全員の画面が一覧表示された

[スピーカービュー]を**クリック**

3 [スピーカービュー]に切り替わった

[スピーカービュー]の画面に戻った

会話中のユーザーの画面が大きく表示される

ビデオ会議を行う

ミーティング中にメッセージを送ろう

ミーティングの最中にチャットで参加者全員にテキストメッセージを送ることができます。WebサイトのURLなど口頭で伝えにくい情報や、マイクの調子が悪いことなどを効率的に伝えられます。ほかの参加者からメッセージが届くと、画面下の［チャット］にバッジが表示されます。

参加者全員にメッセージを送信する

1 ［チャット］の画面を表示する

ワザ07を参考に、ミーティングに参加しておく

［チャット］を**クリック**

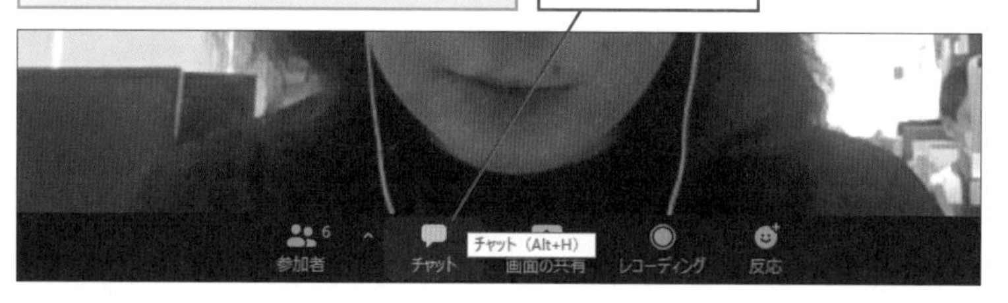

2 メッセージを送信する

右側に［チャット］の画面が表示された

❶［送信先］が［全員］になっていることを**確認**

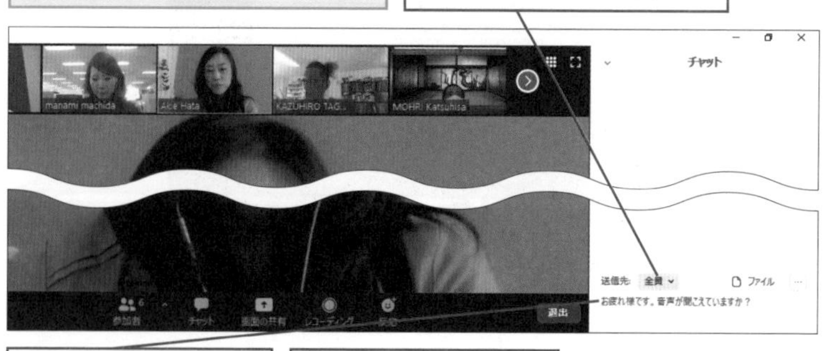

❷メッセージを**入力**

❸ Enter キーを**押す**

3 メッセージが送信できた

全員に向けてメッセージが送信できた

ほかの人から届いたメッセージを確認する

1 [チャット]の画面を表示する

ワザ07を参考に、ミーティングに参加しておく

メッセージが届くとバッジと吹き出しが表示される

[チャット]を**クリック**

2 メッセージを確認する

[チャット] の画面が表示された

メッセージを**確認**

ミーティング中に リアクションをしよう

音声や映像、チャット以外にも、「リアクション」を使えば簡単に自分の気持ちを伝えることができます。クリックするだけで、拍手やハートマークなどの絵文字が相手の画面に表示されるので便利です。特に講義やプレゼンテーションの際には、称賛の気持ちを伝えるのに役立ちます。

1 リアクションを開始する

ワザ07を参考に、ミーティングに参加しておく

[反応]を**クリック**

HINT リアクションが表示されないときは

リアクションには「拍手」「賛成」「ハート」「ヨロコビ」「開いた口」「ジャジャーン」の6種類がありますが、拍手と賛成以外の絵文字が表示されないことがあります。Zoomのバージョンが古い場合にこの現象が起きるので、最新版にアップデートしておきましょう。

2 リアクションを選択する

リアクションのアイコンが表示された

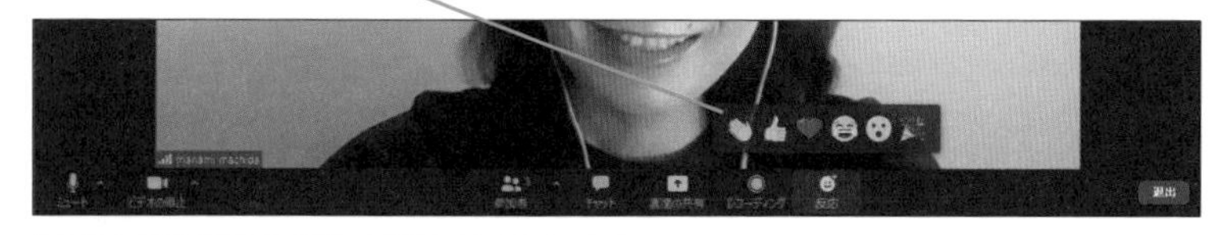

ここでは［賛成］のリアクションを表示する

［賛成］を**クリック**

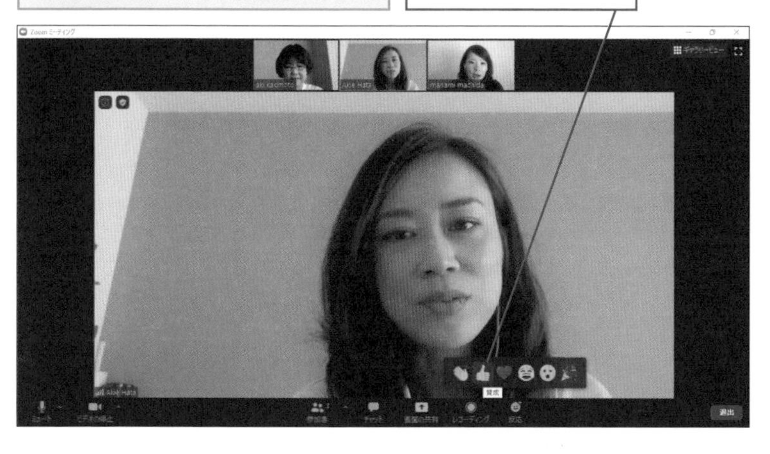

3 リアクションが表示された

自身の画面にリアクションが表示された

一定時間表示された後に消える

参加者を確認するには

ミーティングに参加している人の数が多いと、ミーティングの画面上では参加者の把握が難しくなります。参加者一覧を表示すれば、参加予定者と実際に参加している人との突き合わせをしたり、途中で退出した人がいないかを確認したりするときに便利です。

1 [参加者]の画面を表示する

ワザ07を参考に、ミーティングに参加しておく

参加者数が表示されている

[参加者] を**クリック**

HINT [参加者]の画面でマイクやカメラの状態もわかる

[参加者] の画面では、名前の横にマイクとビデオの状態を表すアイコンが表示されます。誰かのマイクが雑音を拾っているときなどに、ミュートにしていない人をすぐに突き止められて便利です。

2 参加者の一覧が表示された

[参加者]の画面に一覧が表示された

もう一度［参加者］をクリックすると、
[参加者]の画面が閉じる

HINT [手を挙げる]の機能で発言する人を整理する

Zoomには［手を挙げる］という機能があります。発言したい人が手を挙げ、進行係が「手を挙げている」人を指定して発言を許可することで、会議のスムーズな進行が可能になります。手を挙げると自分の画面上にもアイコンが表示されます。なお、ホストは「手を挙げる」ことはできません。

[手を挙げる]を**クリック**

挙手のアイコンが表示された

[手を降ろす]をクリックするとアイコンが消える

参加しているミーティングの情報を知ろう

自分の参加しているミーティングのミーティングIDやホスト名、招待リンクなどの情報を表示できます。会議の途中で、誰かに加わってほしいときは、招待リンクをコピーして送ることで参加が可能になります。ミーティング参加者は、誰でもミーティング情報を表示できます。

1 ミーティング情報を表示する

ワザ07を参考に、ミーティングに参加しておく

画面左上の［ミーティング情報］を**クリック**

2 ミーティング情報が表示された

ミーティングIDやホスト名などの情報が表示された

空きスペースをクリックすると情報画面が閉じる

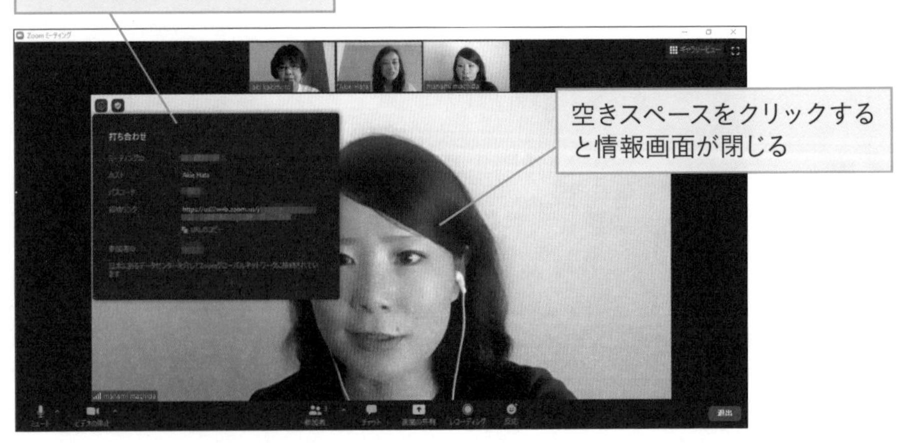

ミーティングから退出するには

会議が終わったら、参加しているミーティングから退出しましょう。自分だけ途中退出することも可能です。なお、インターネット回線が途中で切れた場合やパソコンの電源が落ちてしまった場合など、トラブルがあったときは強制的に退出となります。

1 ミーティングからの退出を開始する

ワザ07を参考に、ミーティングに参加しておく

［退出］を**クリック**

2 ミーティングから退出する

［ミーティングを退出］を**クリック**

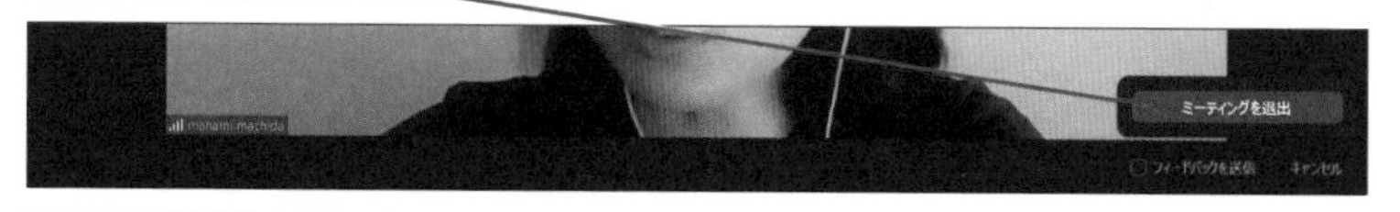

ミーティングから退出して、Zoomのアプリが終了する

COLUMN

個別メッセージ送信や個別ミーティングをするには

ZoomはSkypeやメッセンジャーのように、個別にメッセージを送ったり、ビデオ電話のような個別ミーティングをしたりすることもできます。個別に連絡したい相手は、あらかじめ［連絡先］に追加しておく必要があります。相手が承認すれば、お互い連絡先として登録されます。
連絡先に追加するには、以下のように操作します。
その後、個別メッセージの送信は吹き出しアイコン（■）、個別ミーティングはビデオアイコン（■）をクリックします。

ワザ18を参考にホーム画面を表示し、［連絡先］タブをクリックする

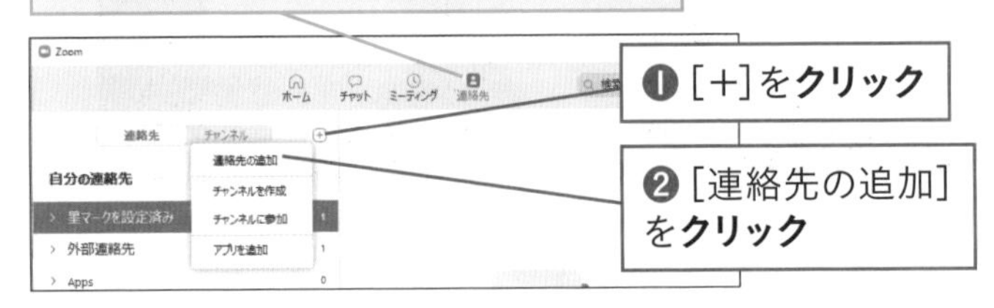

［連絡先の追加］の画面で連絡先を追加する

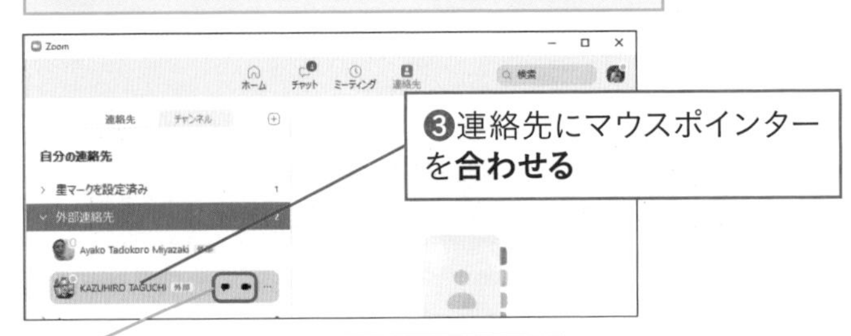

アイコンをクリックしてメッセージの送信またはミーティングを開始する

第3章

ビデオ会議を開催するには

いますぐビデオ会議を行う

第2章では、ほかの人が主催する会議に参加してみました。雰囲気もつかめてきたところで、いよいよ自分がホストになってビデオ会議を主催しましょう。招待URLをメールなどで送ると、ゲストがワザ07の手順で待合室に入ってくるので、ホストとして参加を承認します。

自分がホストとしてミーティングを開始する

1 Zoomを起動する

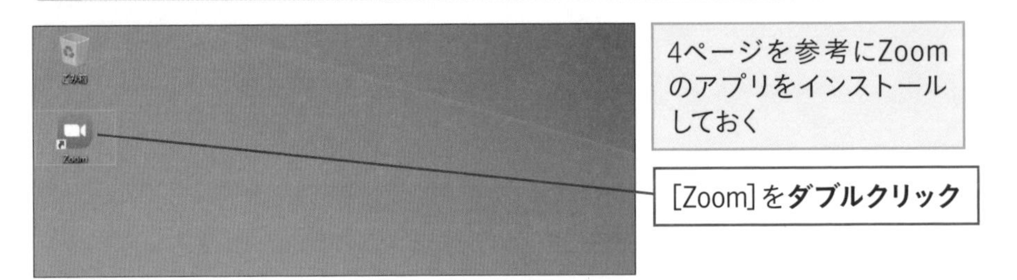

2 サインインしてホーム画面を表示する

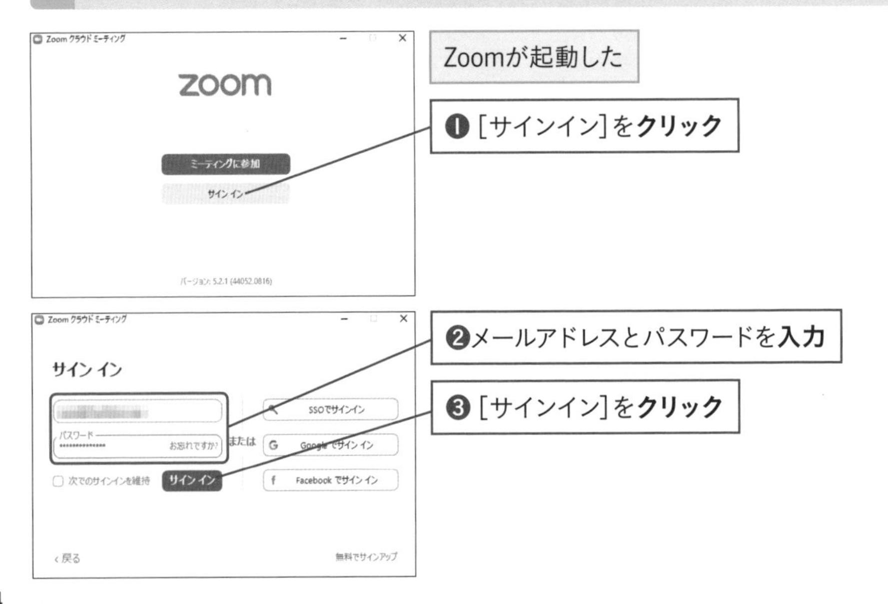

3 新規ミーティングを開始する

Zoomのホーム画面が表示された

[新規ミーティング]を**クリック**

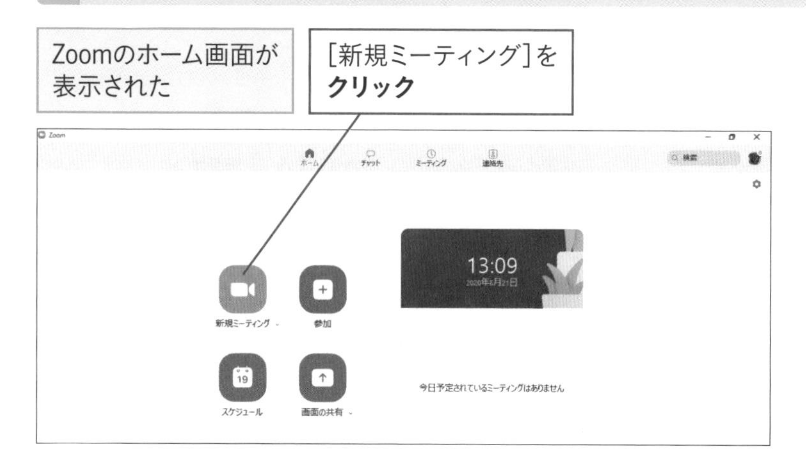

4 オーディオの参加を選択する

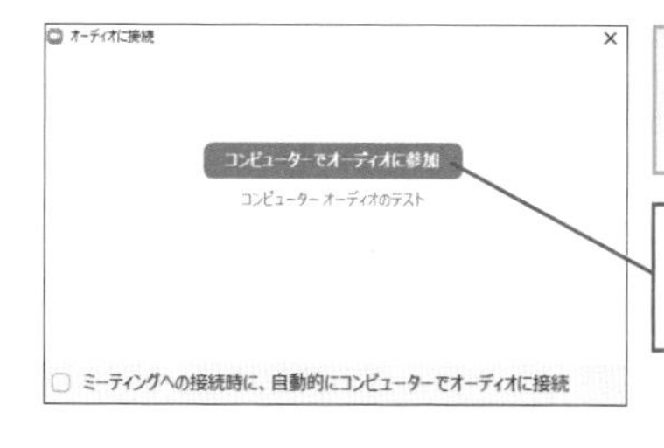

［オーディオに接続］の画面が表示された

[コンピューターでオーディオに参加]を**クリック**

5 ミーティングが開始された

自分だけが参加した状態で、新規ミーティングが開始された

映像なしで参加するときは、ワザ11を参考に［ビデオの停止］をクリックする

次のページに続く⟶

参加者を招待して、参加させる

1 参加者一覧を表示する

続けて、ミーティングにほかの参加者を招待する

❶［参加者］を**クリック**

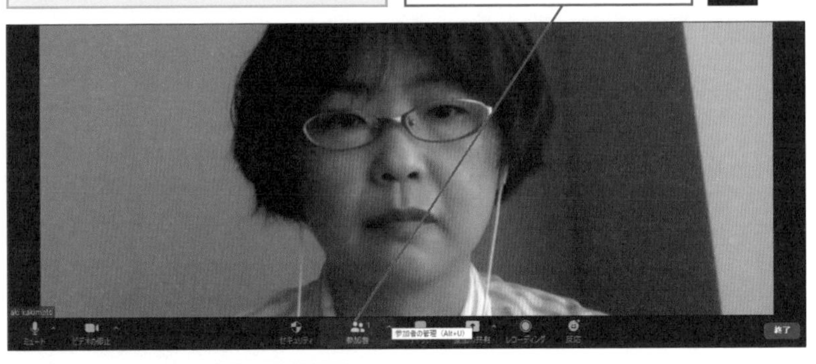

右側に［参加者］の画面が表示された

❷［招待］を**クリック**

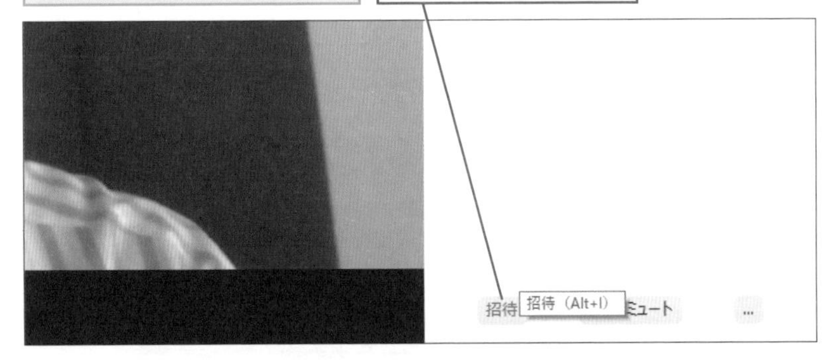

2 招待のURLをコピーする

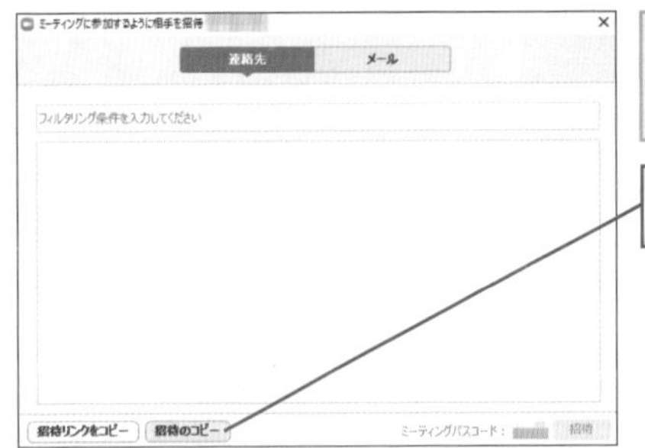

［ミーティングに参加するように相手を招待］の画面が表示された

［招待のコピー］を**クリック**

3 参加者に招待URLを送信する

ここでは、メールで招待URLを送信する

❶相手のメールアドレスと件名を**入力**

❷手順2でコピーした招待の文面を**ペースト**

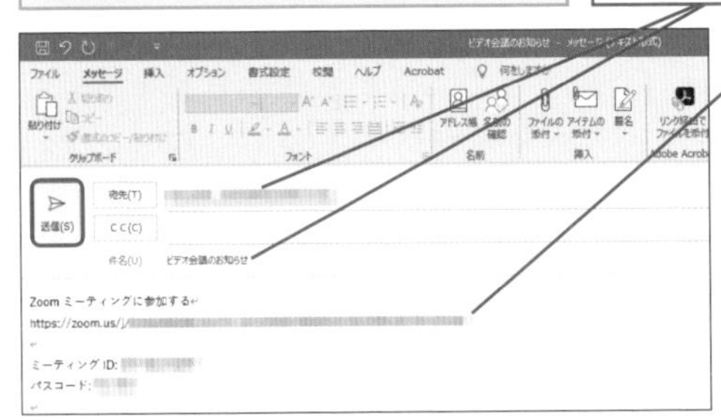

❸画面左上の［送信］を**クリック**

4 参加者に許可を与える

［待合室］が表示された

氏名を確認して［許可する］を**クリック**

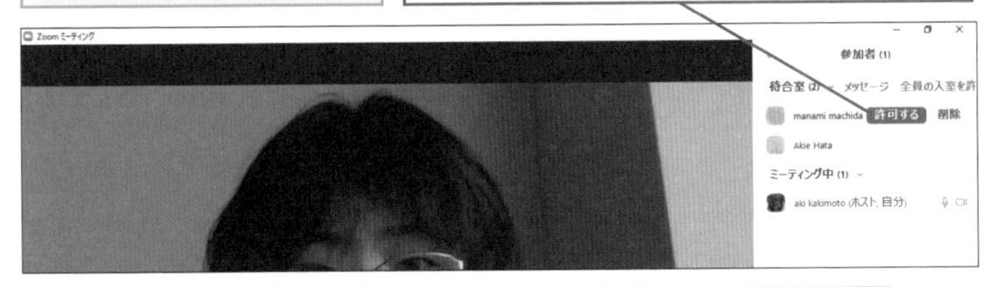

画面下の［参加者］をクリックして［参加者］の画面を閉じる

5 参加者をミーティングに招待できた

参加を許可した参加者の画面が表示された

Zoom

表示アイコンを変えるには

Zoomでは、自分のアイコンを設定できます。アイコンは［参加者］の画面に表示される一覧のほか、カメラをオフにしているときの画面にも表示されます。何も設定しないと名前の一部が文字として表示されるだけですので、自分だとわかるようなアイコンを設定するとよいでしょう。

1 ［設定］の画面を表示する

ワザ18を参考に、ホーム画面を表示しておく

［設定］を**クリック**

2 アイコンの変更を開始する

［設定］の画面が表示された

❶［プロフィール］を**クリック**

❷アイコンを**クリック**

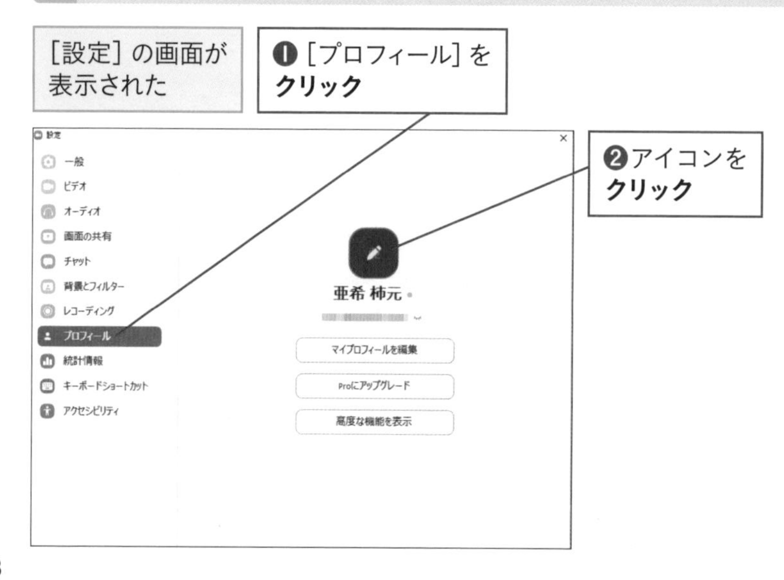

3 画像を選択する

[プロファイル画像を編集] ダイアログボックスが表示された

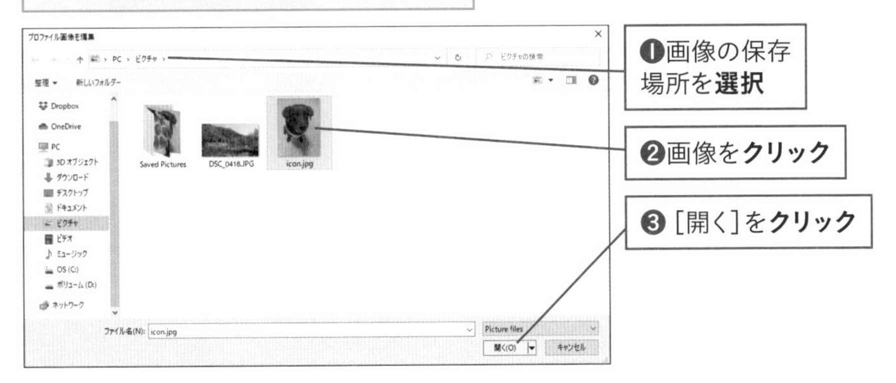

4 画像を調整する

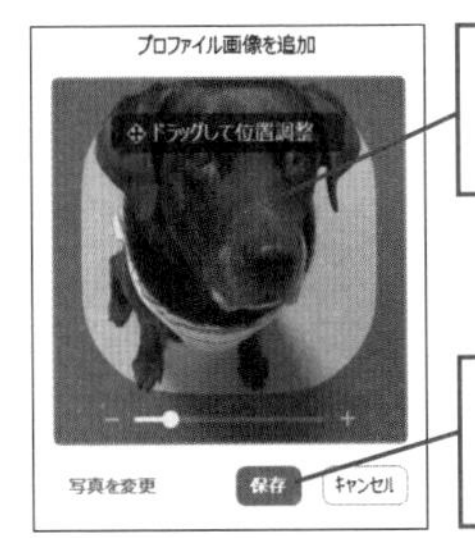

❶画像をドラッグして調整

❷[保存]をクリック

5 アイコン画像を変更できた

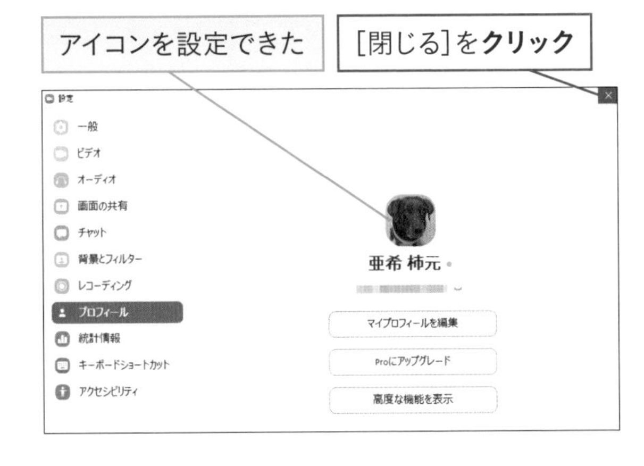

Zoom

表示名を変えるには

ZoomのWebサイトにサインインして［プロフィール］を表示すると、名前や、メールアドレスなどを更新できます。ここでは名前を変更する方法を説明します。なお、名前はミーティング中でも設定できるので、ビデオ会議の内容に合わせて変更できます（次ページのHINTを参照）。

1 サインインの画面を表示する

ワザ18を参考に、ホーム画面を表示しておく

❶アイコンを**クリック**

❷［自分のプロファイル］を**クリック**

2 プロフィールの画面を表示する

Webブラウザーが起動し、［サインイン］の画面が表示された

❶メールアドレスとパスワードを**入力**

❷［サインイン］を**クリック**

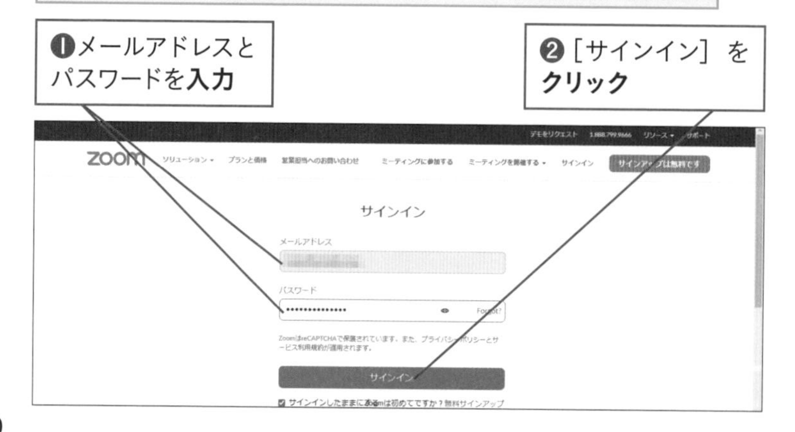

3 表示名の編集を開始する

［プロフィール］の画面が表示された

表示名の右端にある［編集］を**クリック**

4 表示名を変更する

プロフィールの編集画面が表示された

ここでは、表示名をアルファベット表記に変更する

❶［名］と［姓］を**入力**

❷［変更を保存］を**クリック**

表示名が変更される

HINT ミーティング中に一時的に表示名を変えるには

ワザ18を参考に［参加者］の画面を表示し、［詳細］-［名前の変更］の順にクリックして変更します。また、ミーティング画面で自分の表示名を右クリックし、［名前を変更］をクリックしても変更できます。

Zoom

セキュリティ設定を確認しよう

ゲストとのミーティングを安心して楽しむために、セキュリティの設定を確認しておきましょう。［セキュリティ］のアイコンはミーティングのホストだけに表示されます。部外者の入室を防ぐ待合室（待機室）が有効になっているかなどを確認してください。

1 セキュリティのメニューを表示する

ワザ18を参考にミーティングを開始しておく

［セキュリティ］を**クリック**

HINT ミーティングを安心して楽しむための設定

開催中のミーティングに招待されていないゲストや、まったくの部外者がミーティングに入ってこられないようにすることが、Zoomを安心して使うためには必要です。現在では、ミーティングIDにパスコードは必須になっており、待合室（待機室）も基本設定として有効になっています。そのほか、ミーティングのロックについてはワザ26を、安心・安全に使うための基本的な考え方などについてはワザ06を参照してください。

2 セキュリティ状況を確認する

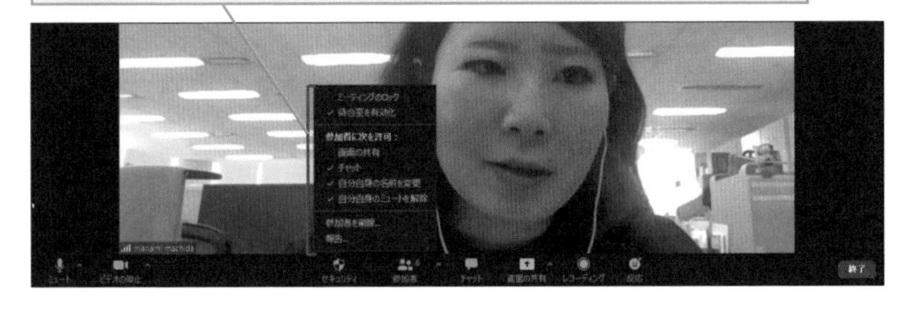

●セキュリティ設定の一覧

設定	説明
[ミーティングのロック]	ミーティングがはじまったらほかの人が入れないようにする
[待合室を有効化]	ミーティングへの入室をコントロールできる
[画面の共有]	ホスト以外が画面共有するのを許可できる
[チャット]	チャット機能をオン･オフにできる
[自分自身の名前を変更]	参加者が自分で表示名を変更できなくする
[自分自身のミュートを解除]	参加者が自分でミュートを解除できなくする
[参加者を削除]	本来は参加していないはずのゲストを削除することができる
[報告]	不適切な行動をする参加者をZoom運営に報告できる

HINT ゲストに許可した項目を確認する

[セキュリティ] のアイコンをクリックすると、[ミーティングのロック](ワザ26を参照) や [待合室を有効化] のほか、参加者全体に許可できる項目として [画面の共有] [チャット] [自分自身の名前を変更] が並んでいます。ホスト以外の参加者がプレゼンテーションを実施するようなときには、デフォルトでオフになっている [画面の共有] を有効にしてください。本来は参加していないはずのゲストがいた場合に [参加者を削除] したり、不適切な行動をする参加者を [報告] をクリックしてZoomの運営チームに通報することもできます。

Zoom

ミーティングを予約しよう

あらかじめ時間が決まっているビデオ会議なら、当日になってあわてないように、ミーティングを予約しておくことができます。スケジュールしたときにミーティングの参加URLが発行されるので、事前にメールなどでゲストに共有しておいてください。

1 スケジュール設定の画面を表示する

ワザ18を参考に、Zoomのホーム画面を表示しておく

［スケジュール］を**クリック**

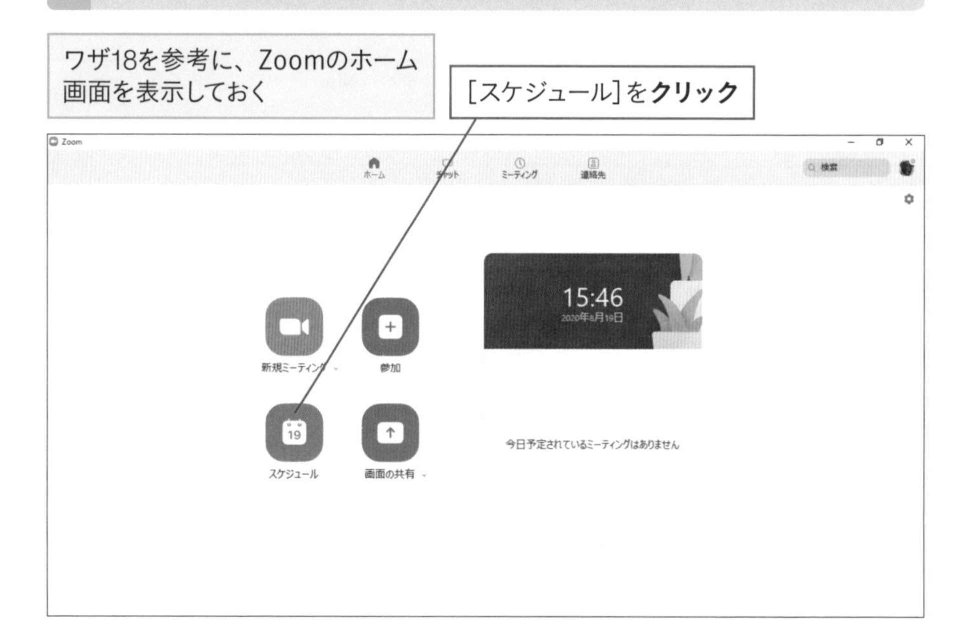

HINT いますぐミーティングをするか、スケジュールするか

Zoomには、ホームの［新規ミーティング］からいますぐ開始するインスタントミーティングと、スケジュールされたミーティングの2種類があります。スケジュールされた会議は、終了してもホーム画面の［ミーティング］タブから再開できます。インスタントミーティングで自動的に生成したIDは、ミーティングを終了すると無効になります。

2 ミーティングの予定を設定する

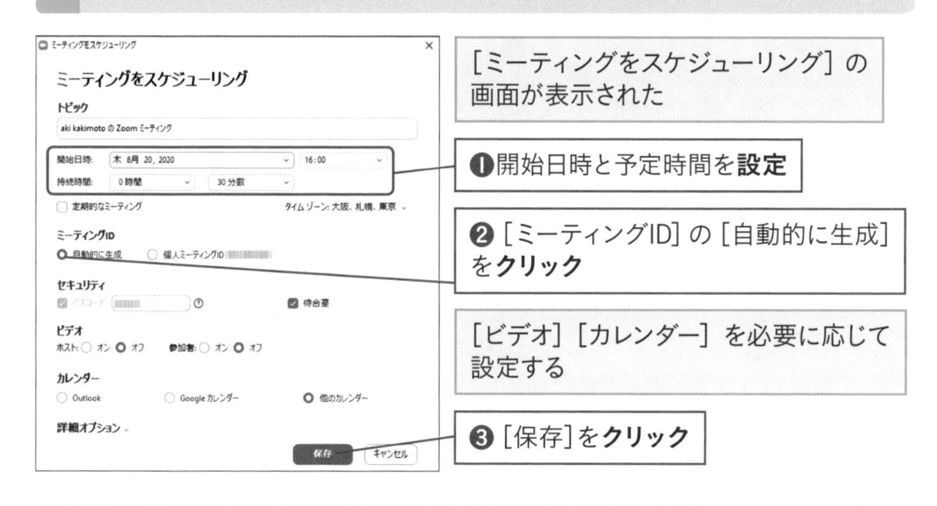

3 ミーティングの予定をコピーする

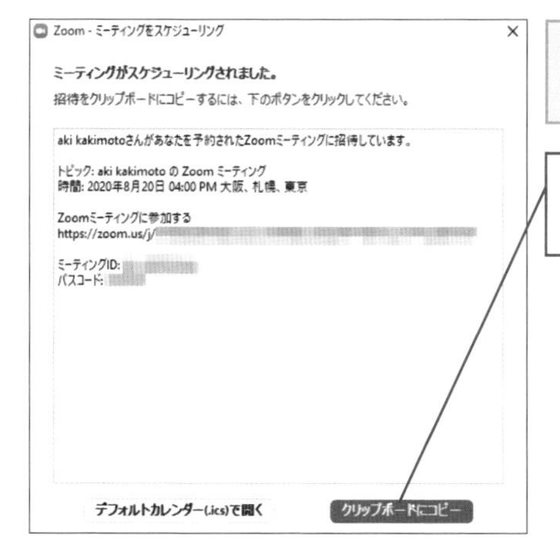

[ミーティングをスケジューリング]の画面が表示された

[クリップボードにコピー]を**クリック**

HINT 選択したカレンダーが開く

手順2では[カレンダー]として[他のカレンダー]を選択しているので、ミーティングの予定が開きました。ここで[Outlook]や[Googleカレンダー]を選択すると、それぞれのカレンダーでウィンドウが開き、予定を登録することができます。

次のページに続く→

4 ミーティングの予定がコピーできた

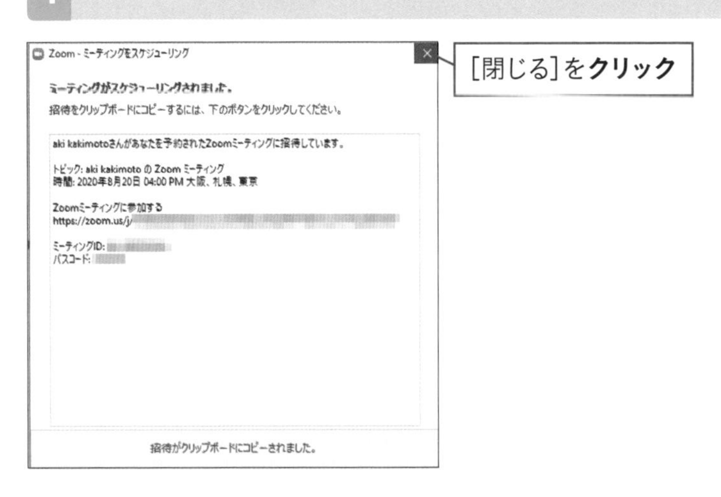

5 参加者にミーティングの予定を連絡する

ここでは、ミーティングの参加者にメールで連絡する

メールアプリを起動しておく

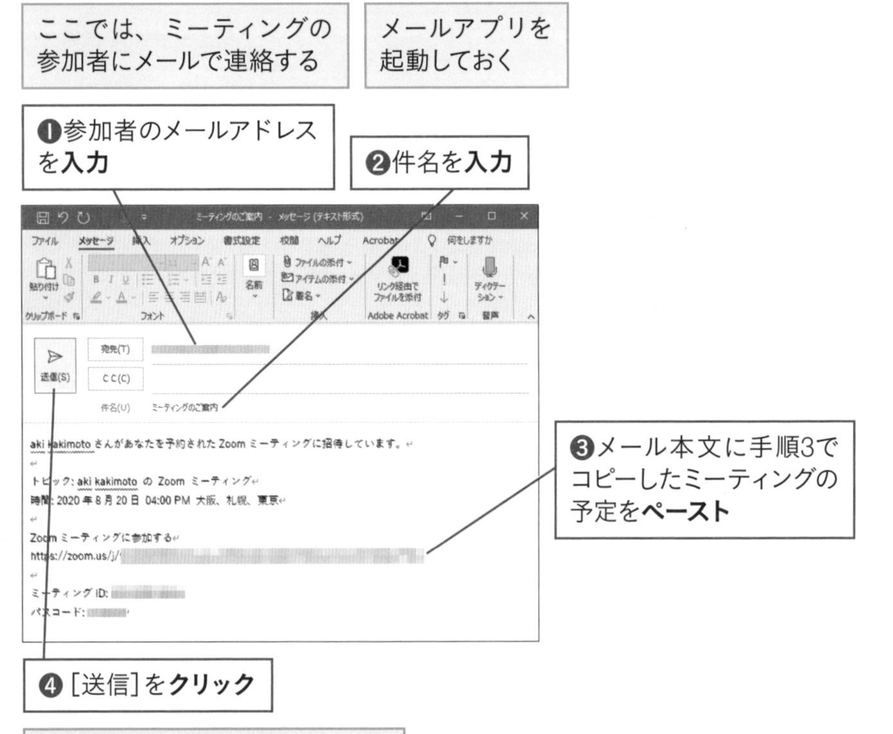

ミーティングの予定が送信される

23

Zoom

ビデオ会議を行う

ミーティングID・パスコードで参加するには

Zoomのビデオ会議では、ミーティングごとに固有のIDとパスコードが発行されます。ワザ18やワザ22でゲストに共有するURLにも、ミーティングIDと（エンコードされた）パスコードが付いています。なお、ホーム画面の［参加］からも、ミーティングIDとパスコードで会議に参加できます。

1 ミーティングIDとパスコードを確認する

ここではメールで届いたミーティングIDとパスコードでミーティングに参加する

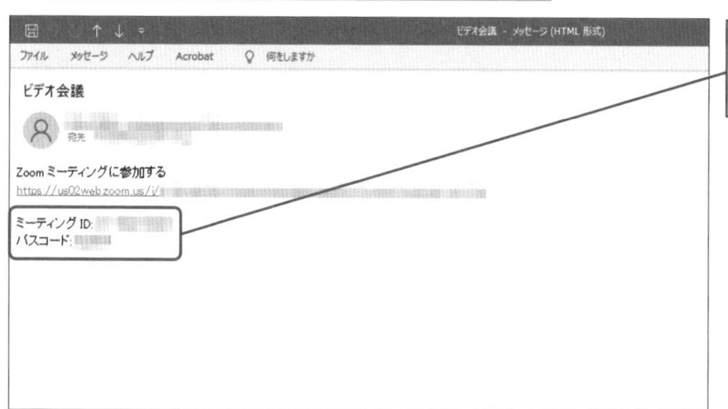

ミーティングIDとパスコードを**確認**

2 ミーティングに参加する

ワザ18を参考に、Zoomのアプリを起動しておく

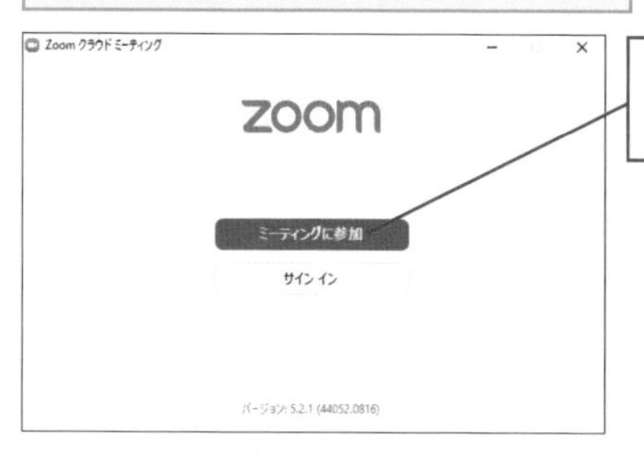

［ミーティングに参加］を**クリック**

次のページに続く→

3 ミーティングIDと表示名を入力する

[ミーティングに参加する] の画面が表示された

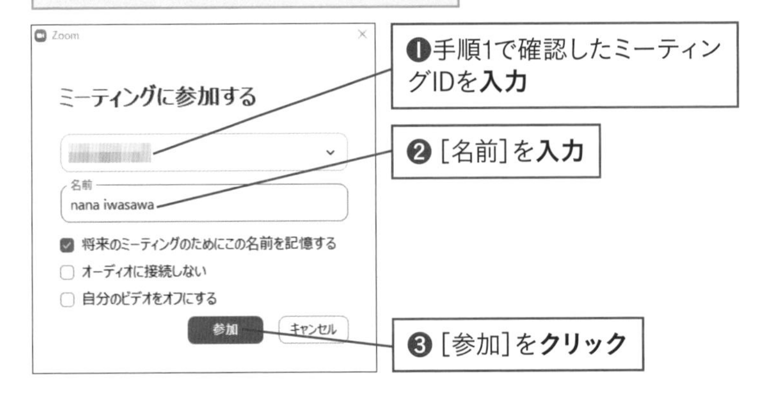

4 パスコードを入力する

[ミーティングパスコードを入力] の画面が表示された

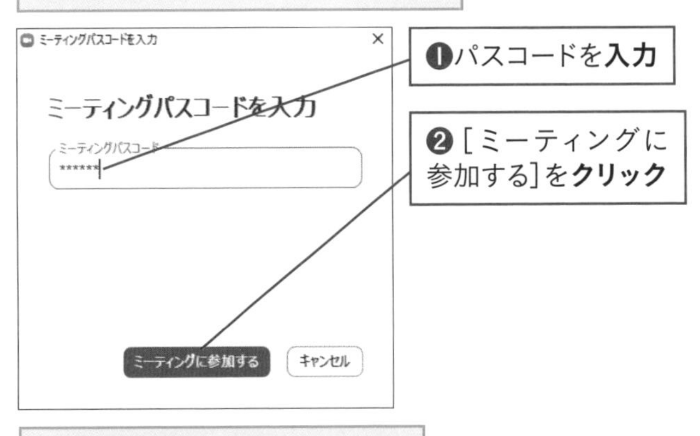

ワザ07を参考にミーティングに参加する

24

Zoom

ビデオ会議を行う

常に同じURLでミーティングを開催するには

個人ミーティングID（PMI）を選択すると、自分のパーソナルミーティングルームで会議が開催でき、参加URLも常に同じになります。一度共有すれば次からすぐ参加できるので、同じゲストと頻繁に会議するときに便利です。ただし、誰にでも教えないよう注意が必要です。

1 個人ミーティングの設定メニューを表示する

ワザ18を参考に、Zoomのホーム画面を表示しておく

［新規ミーティング］のここを**クリック**

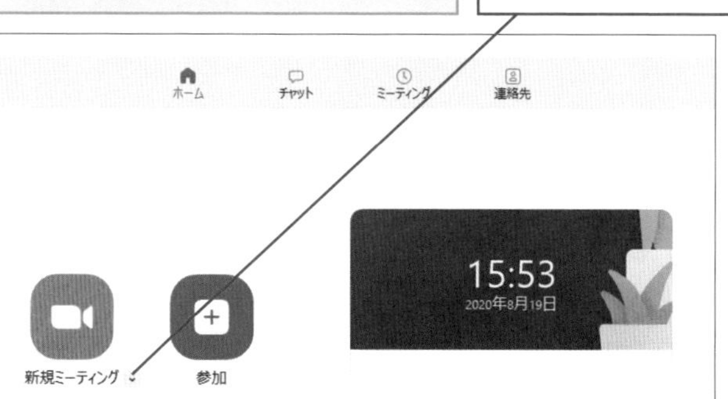

2 個人ミーティング用IDを使用する

［マイ個人ミーティングID（PMI）を使用］を**クリック**してチェックマークを付ける

カメラをオフにする場合は［ビデオありで開始日時］をクリックしてチェックマークをはずす

ワザ18を参考に新規ミーティングを開催する

1 基本 2 参加 3 開催 4 スマートフォン 5 便利ワザ 6 ウェビナー

25

ビデオ会議を行う

定期ミーティングを予約しよう

定期ミーティングとして、毎日あるいは週次、月次などの決まった時間に開催される会議をまとめてスケジュールすることができます。ここではZoomとGoogleカレンダーを連携させて、カレンダー側で定期ミーティングの実施時間や間隔など詳細を設定します（ワザ52も参照）。

1 定期的なミーティングの設定を開始する

ワザ22を参考に、［ミーティングをスケジューリング］の画面を表示しておく

［定期的なミーティング］を**クリック**してチェックマークを付ける

2 カレンダーを選択する

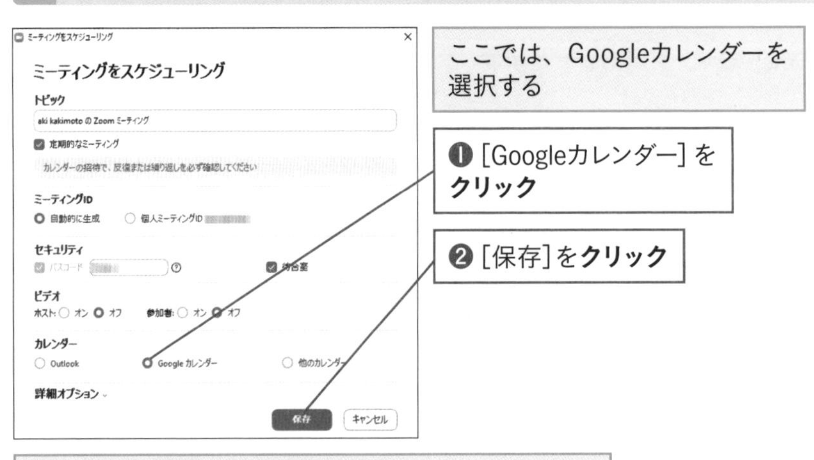

［Zoomへの権限の付与］の画面と、サインインしたGoogleアカウントへのアクセス許可についての画面で［許可］をクリックする

3 繰り返しを設定する

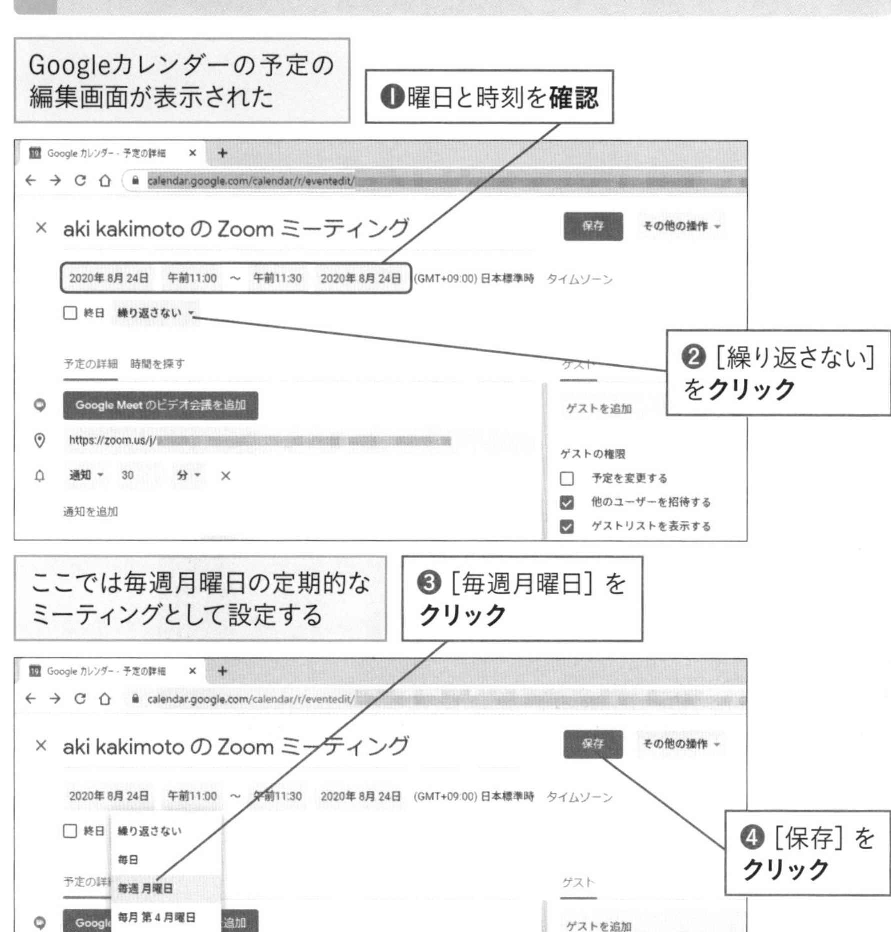

4 カレンダーに予定が表示された

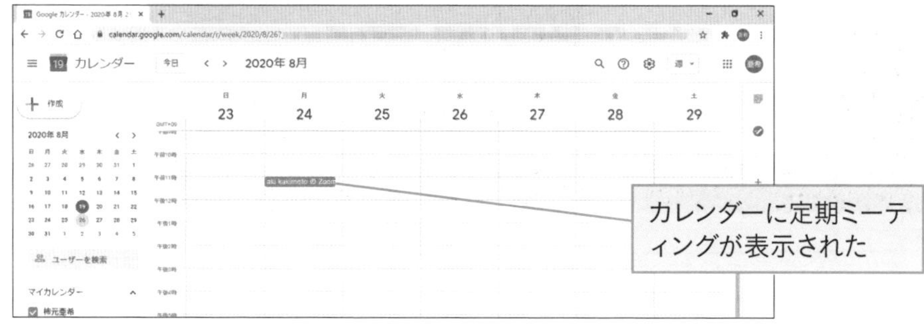

ミーティング中にロックする

ZoomのミーティングはURLが知られてしまうと誰でも参加できます。安心して会議を進めるため、ミーティングを開始して参加者がみんな揃ったところで、会議室に鍵をかけるように、ミーティングをロックできます。もし追加の参加者がいるときには、ロックを解除できます。

1 セキュリティのメニューを表示する

ワザ18を参考に、ミーティングを開始しておく

[セキュリティ]を**クリック**

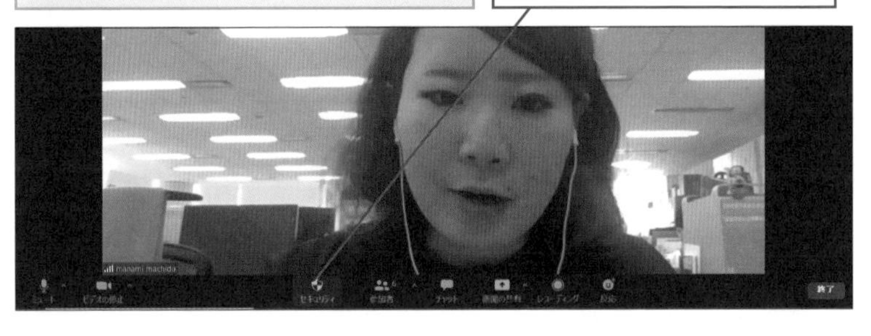

2 ミーティングをロックする

セキュリティの項目が表示された

[ミーティングのロック]を**クリック**

ほかの参加者が参加できないようにロックされた

再度[ミーティングのロック]をクリックするとロックが解除される

27

Zoom

ホストとして管理する

ほかのメンバーをミュートするには

説明会やプレゼンテーションのように、話す人が決まっていてほかの参加者は聞いているだけというミーティングもあります。発言しない参加者のマイクを、ホストの権限でミュートにできます。機材トラブルや周囲の音などでノイズが入るときにも、緊急避難として有効でしょう。

1 [参加者]の画面を表示する

ワザ18を参考に、ミーティングを開始しておく

[参加者]を**クリック**

2 参加者のマイクをミュートする

❶マイクをミュートにしたい参加者名にマウスポインターを**合わせる**

❷[ミュート]を**クリック**

ミュートされる参加者は、画面の指示に従って同意する

3 参加者のマイクをミュートできた

マイクアイコンがミュートの状態になった

ミュートを解除する場合は、参加者名にマウスポインターを合わせた後に[ミュートの解除を求める]をクリックする

1 基本
2 参加
3 開催
4 スマートフォン
5 便利ワザ
6 ウェビナー

ホストとして管理する

ほかのメンバーを退出させるには

参加者のうち特定のメンバーだけが残ってミーティングの続きを話し合いたいときなどに、ほかの参加者をホストの権限で退出させることができます。完全に退出すると再び入室できないので、一次的な退出の場合には待合室（待機室）に入っていてもらうとよいでしょう。

1 退出させる参加者を選択する

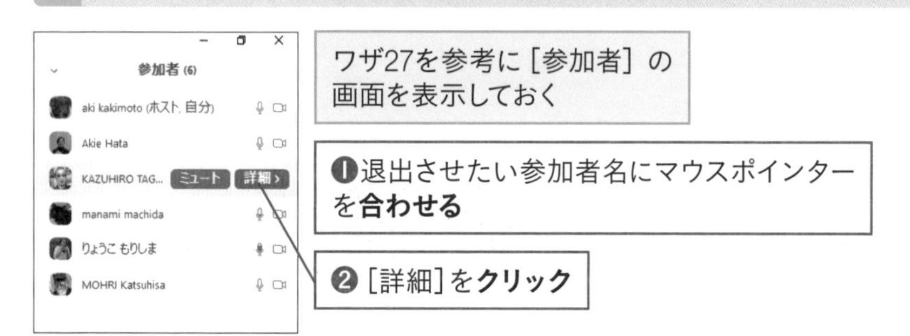

2 ミーティングから参加者を削除する

3 参加者の削除を確認する

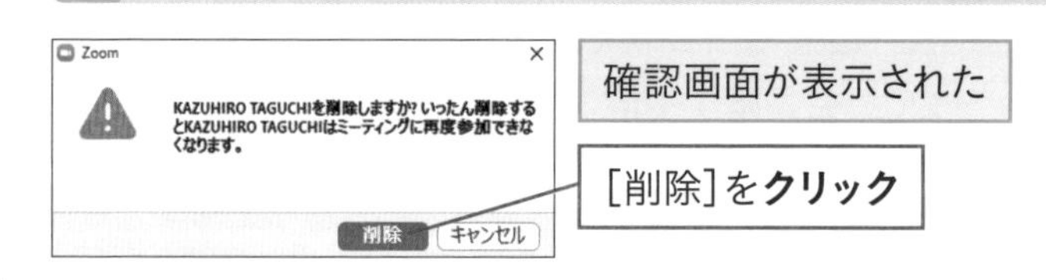

29

ホストとして管理する

Zoom

ホストを ほかのメンバーに譲るには

参加者のうち特定のメンバーだけが残ってミーティングを続けたいときに、ホスト自身も退出してしまうとミーティングが終了してしまいます。そこでホストをほかのメンバーに譲ってから退出すれば、残ったメンバーはそのまま会議を続けることができます。

1 別の参加者をホストに指定する

ワザ28を参考にホストにしたい参加者の［詳細］をクリックして、メニューを表示しておく

［ホストにする］を**クリック**

2 ホストの変更を確認する

確認画面が表示された

［はい］を**クリック**

3 ホストが変更できた

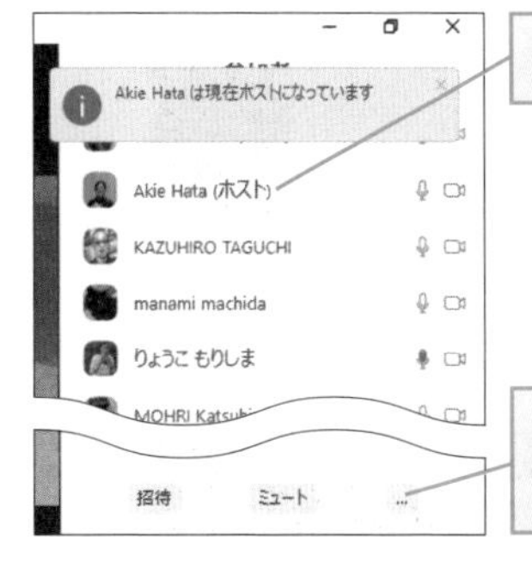

別の参加者がホストになった

再度ホストになる場合は、［…］-［ホストを再申請］の順にクリックする

ミーティングを録画するには

ミーティングの内容をあとから確認したり、参加できなかったメンバーに共有したりするため、ビデオ録画することができます。録画中は画面に「レコーディングしています」と表示されます。会議を終了すると変換処理され、パソコンに動画と音声のファイルが保存されます。

1 録画を開始する

ワザ18を参考に、ミーティングを開始しておく

[レコーディング] を**クリック**

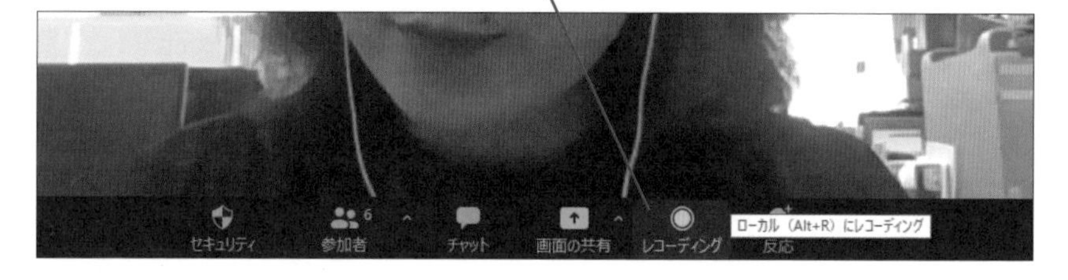

2 ミーティングの録画が開始された

[レコーディングしています] と表示された

録画を一時停止する場合は、[レコーディングの一時停止] をクリックする

[停止] を**クリック**

画面左上の停止アイコンをクリックしてもいい

3 ミーティングを終了してファイルを保存する

ミーティングの録画が停止した

❶［終了］を**クリック**

❷［全員に対してミーティングを終了］を**クリック**

Zoom - ミーティングのレコーディングを変換しています

ミーティングレコーディングを変換

表示前に変換する必要のあるレコーディングがあります。

65%

変換を停止

［ミーティングレコーディングを変換］の画面が表示され、MP4ファイルとして保存される

HINT ミーティングを自動的にレコーディングする

スケジュールされたミーティング（ワザ22）では、会議を予約する際に［ミーティングをスケジューリング］の画面で［詳細オプション］を開き、［ミーティングをローカルコンピューターに自動的にレコーディングする］をクリックしてチェックマークを付けると、そのミーティングを開始したときに録画が自動的に開始されます。

参加者に録画を許可するには

ホスト以外の参加者でも、ミーティングの内容を確認したり共有したりするため、録画してパソコンに保存したいときがあるでしょう。参加者それぞれに対して、録画の許可を出すことができます。複数のゲストを許可するときにも、個別にそれぞれ許可する必要があります。

1 録画を許可する参加者を選択する

ワザ18を参考に、ミーティングを開始しておく

ワザ12を参考に、［ギャラリービュー］に切り替えておく

録画を許可する参加者の画面を**右クリック**

HINT 全員に録画を許可することはできない

録画の許可は、ミーティングの［ギャラリービュー］もしくは［参加者］の画面で参加者を右クリックして表示されるメニューから、録画してよいゲストだけを個別に許可します。

2 録画を許可する

［レコーディングの許可］を
クリック

選択した参加者がミーティングを
録画できるようになる

HINT 録画の許可のほか参加者にできる操作

このワザでは［ギャラリービュー］から参加者の画面を右クリックしましたが、同じメニューはワザ28やワザ29のように参加者一覧からゲストを右クリックしても表示できます。このメニューでは、ゲストのマイクをミュートしたり（ワザ27）、参加者を退出させたり（ワザ28）、ホストをほかのメンバーに譲ったり（ワザ29）できるほか、ビデオを停止（または開始を依頼）したり、チャットしたり、待合室（待機室）に送ったり、運営に通報したりできます。

ミーティングを終了するには

会議が終わったら、参加者の退出を待たず、ホストの権限で終了を宣言してミーティングを終了できます。ホストがミーティングを終了するとゲストもすべて退出されます。残って会議を続けたいゲストがいる場合は、ワザ29のようにホストを譲ってから退出できます。

1 ミーティングを終了する

ワザ18を参考に、ミーティングを開始しておく

[終了]を**クリック**

HINT スケジュールしたミーティングは再開できる

ホストがミーティングを終了すると、ワザ18の方法で開始するインスタントミーティングのIDはすぐ無効になり、参加URLにアクセスしても再び参加することはできません。スケジュールされたミーティングは、終了後も1日程度はホストのホーム画面にある[ミーティング]タブに表示されており、ゲストも同じURLから再び参加することができます。

2 参加者全員に対してミーティングを終了する

［全員に対してミーティングを終了］を**クリック**

ホストをほかの人に譲ってから退出する場合は、［ミーティングを退出］をクリックしてホストを指定し、［割り当てて退出する］をクリックする

3 ミーティングが終了できた

ホーム画面が表示された

参加者全員のミーティング画面が閉じる

COLUMN

同時開催のミーティングはホストできない

あるミーティングに参加しているときに、別のミーティングから呼ばれたとします。同じアプリから複数の会議に参加できるでしょうか？　これはできません。
それでは、ミーティングをホストするほうはどうでしょう。Zoomには［ホストより前の参加を有効にする］という機能があり、ホストが参加できない場合に、ゲストだけで会議を開催できます。これを使えば、ホスト自身は参加しないミーティングをいくつも同時開催できそうです。
しかし実際には、新しいミーティングを開始しようとすると、先のミーティングを終了するように促されます。つまり、同時開催のミーティングを同じユーザーがホストすることはできません。
なお、［ホストより前の参加を有効にする］の機能を利用するには、ミーティングを予約する際に［待合室］をクリックしてチェックボックスのチェックマークを外し、［詳細オプション］をクリックして［ホストより前の参加を有効にする］をクリックしてチェックボックスにチェックマークを付けます。待合室（待機室）の無効化はセキュリティ的に推奨されません。

第4章

スマートフォンでZoomを使うには

スマホでZoomを使う

スマホアプリをダウンロードするには

Zoomには、便利なスマートフォンアプリも用意されています。パソコンのアプリと同じようにミーティングを主催したり、参加したりといったことが、より手軽に、どこにいても実行できます。iPhone、Androidのそれぞれで、アプリのストアからインストールできます。

iPhoneの操作

Androidの手順は86ページから

[App Store]からアプリをインストールする

1 [App Store]を起動する

ホーム画面で[App Store]を**タップ**

2 検索画面を表示する

[App Store]が表示された

[検索]を**タップ**

3 アプリを検索する

検索画面が表示された

❶「zoom」と**入力**

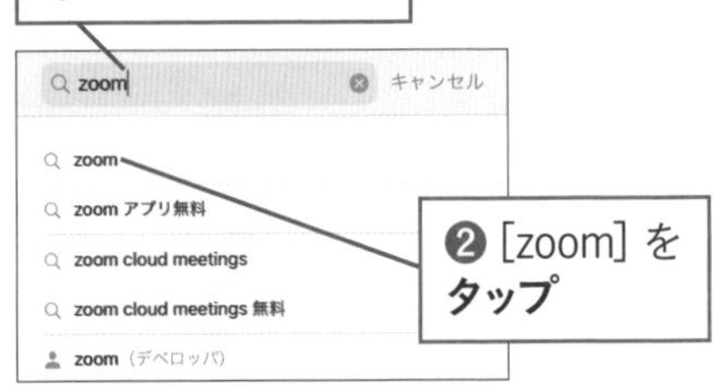

❷[zoom]を**タップ**

4 アプリの詳細画面を表示する

アプリの一覧が表示された

[ZOOM Cloud Meetings]を**タップ**

5 アプリをインストールする

アプリの詳細画面が表示された

❶［入手］をタップ

❷［インストール］を**タップ**

6 サインインする

［Apple IDでサインイン］の画面が表示される

❶Apple IDのパスワードを**入力**

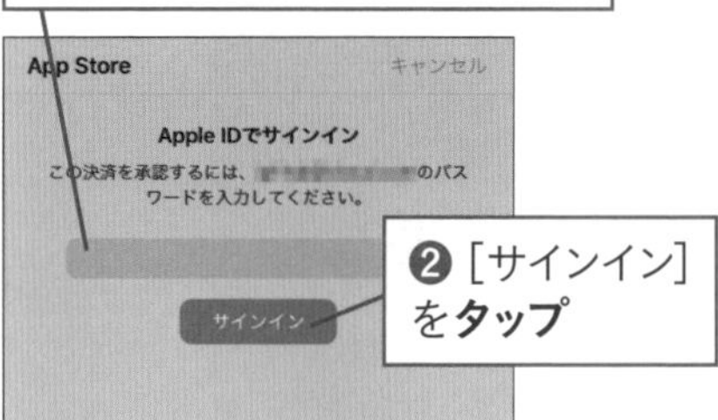

❷［サインイン］を**タップ**

［完了］と表示される

7 アプリをインストールできた

インストールが完了すると、［開く］と表示される

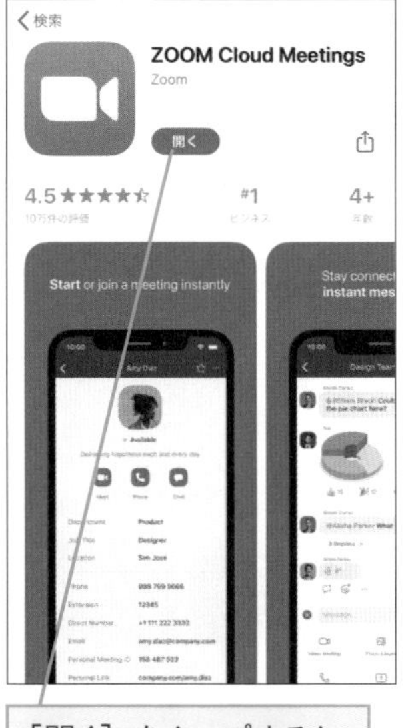

［開く］をタップすると、アプリを起動できる

次のページに続く→

iPhoneの手順は84ページから

[Playストア]からアプリをインストールする

1 [Playストア]を起動する

ホーム画面で[Playストア]をタップ

2 検索画面を表示する

[Playストア]が表示された

[アプリやゲームを検索する]をタップ

3 アプリを検索する

検索ボックスが表示された

❶「zoom」と入力

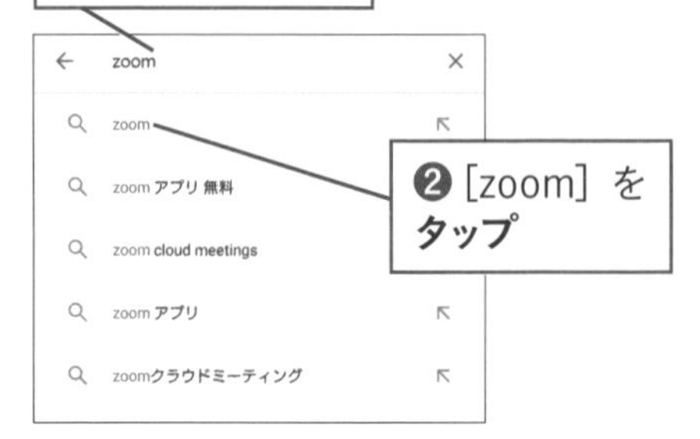

❷[zoom]をタップ

4 アプリの詳細画面を表示する

アプリの一覧が表示された

[ZOOM Cloud Meetings]をタップ

5 アプリのインストールをはじめる

アプリの詳細画面が表示された

[インストール]を**タップ**

6 アプリをインストールできた

インストールが完了すると、[開く]と表示される

[開く] をタップすると、アプリを起動できる

HINT Zoomをスマートフォンで使うと便利なシーン

Zoomにはたくさんの機能があり、大きな会議を主催する場合などにはパソコンから利用するのがよいでしょう。一方で、ウェビナーに参加するだけであれば、外出先でも視聴できるスマートフォン用のアプリはとても便利です。また、パソコンの画面では関連資料を表示したりメモをとったりしたいときに、ビデオ会議はスマートフォンの画面と使い分けるのも便利です。在宅勤務でミーティング専用のタブレットを用意することもあるでしょう。

Zoomを使えるようにしよう

アプリをインストールしたら、6～7ページで設定したメールアドレスとパスワードを使って、Zoomにサインインしましょう。ミーティングをスケジュールするため、スマートフォンのカレンダーなどにアクセス許可が求められた場合は、必要に応じて許可しておきます。

1 Zoomのアプリを起動する

ワザ33を参考に、Zoomのアプリをインストールしておく

[Zoom]を**タップ**

2 [サインイン]の画面を表示する

Zoomが起動した

[サインイン]を**タップ**

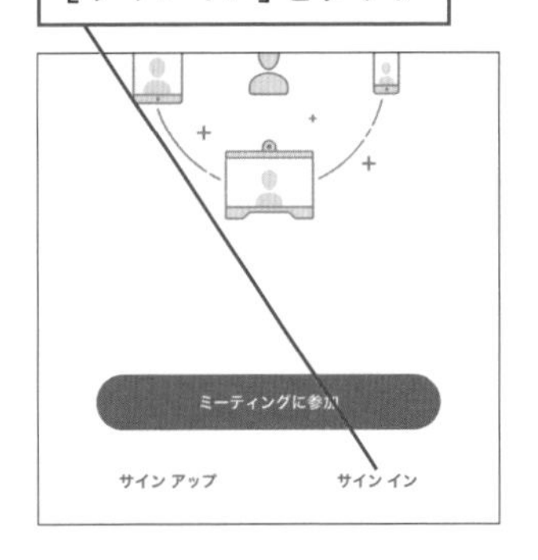

3 メールアドレスとパスワードを入力する

[サインイン]の画面が表示された

❶メールアドレスとパスワードを**入力**

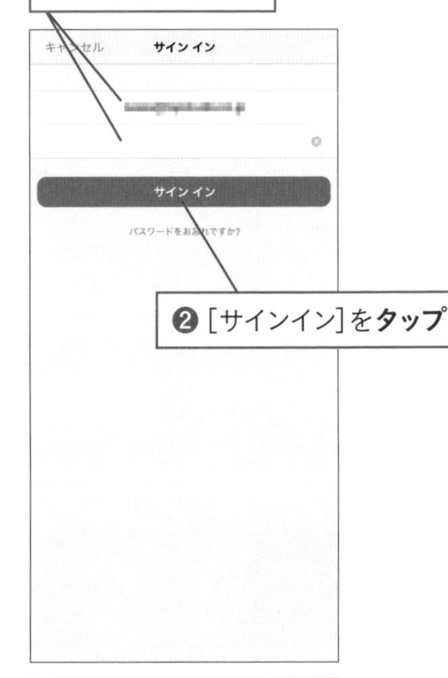

❷[サインイン]を**タップ**

Androidでは手順6に進む

4 通知の送信を許可する

通知を送信するかを確認する画面が表示された

[許可]を**タップ**

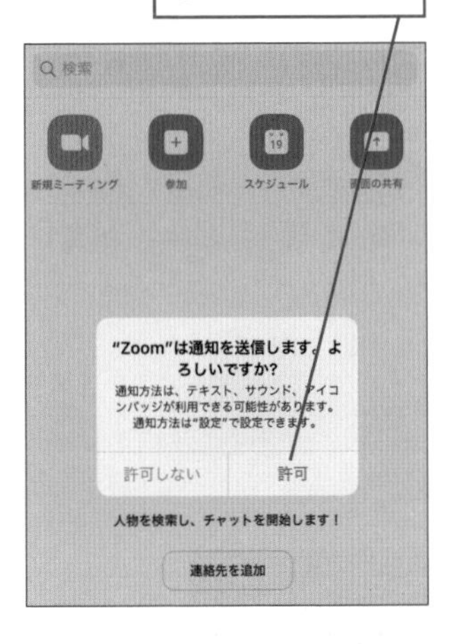

5 カレンダーへのアクセスを許可する

カレンダーへのアクセス許可を求める画面が表示された

[OK]を**タップ**

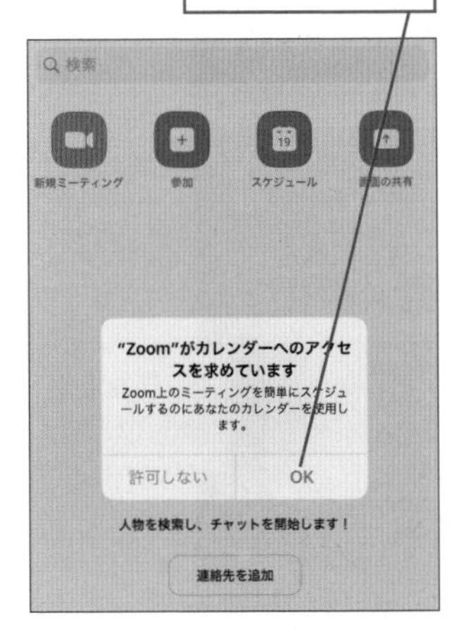

6 ホーム画面が表示された

Zoomのアプリにサインインできた

ミーティングを予約する場合は[スケジュール]をタップする

サインアウトや各種設定を行う場合は[設定]をタップする

HINT 参加だけならログインは不要

ミーティングに参加するだけなら、Zoomにログインする必要もありません。外出先などで急にミーティングに招待されたときも、アプリをダウンロードして、そのまますぐミーティングに参加できます。こういった手軽さも、Zoomの大きな利点です。

いますぐミーティングを開始する

スマートフォンでミーティングを開始するのはとても簡単です。スマートフォンのカメラやマイクを使用するので、アクセスが求められたら必要に応じて許可しておきます。ただし、招待を送ったり参加者を管理したりといった操作は、パソコンのほうがやりやすいかもしれません。

ミーティングを開始する

1 新規ミーティングを開始する

ワザ34を参考に、ホーム画面を表示しておく

❶[新規ミーティング]を**タップ**

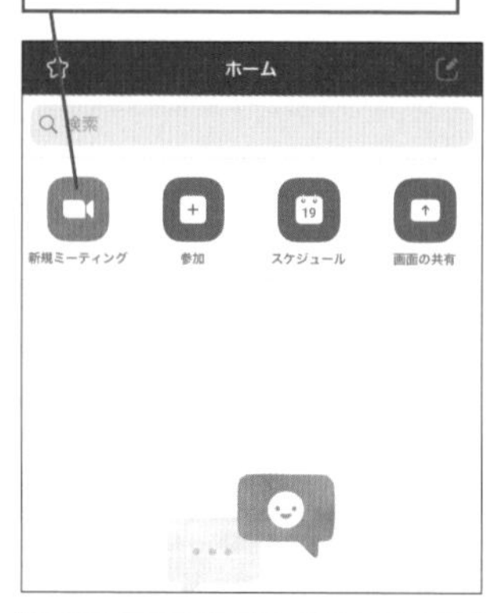

❷[ミーティングの開始]を**タップ**

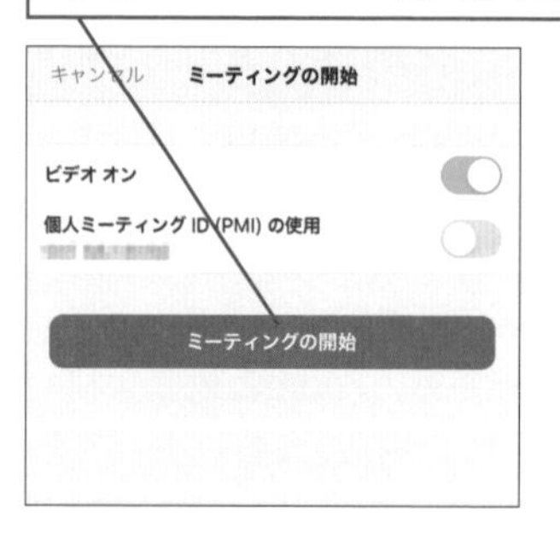

2 カメラとマイクへのアクセスを許可する

カメラとマイクへのアクセス許可を求める画面が表示された

❶[OK]を**タップ**

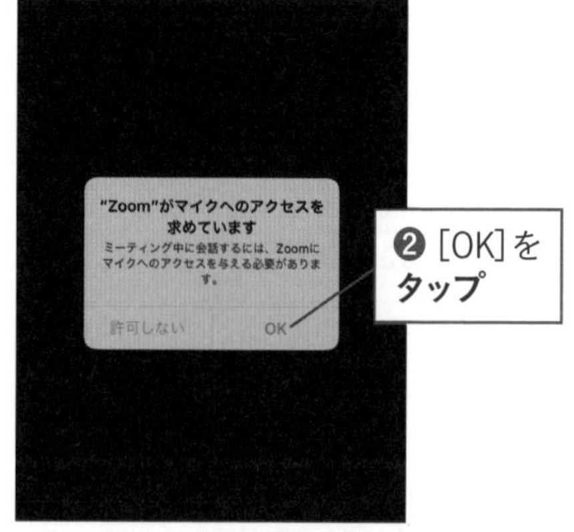

❷[OK]を**タップ**

3 オーディオを設定する

オーディオ設定についての画面が表示された

［インターネット経由で呼び出す］を**タップ**

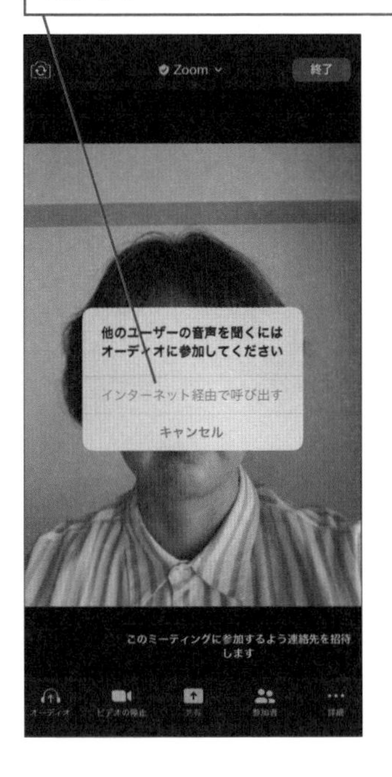

4 ミーティングが開始できた

顔が映らない場合はここをタップしてカメラを切り替える

1 基本
2 参加
3 開催
4 スマートフォン
5 便利ワザ
6 ウェビナー

HINT スマートフォンのカメラとマイクを使う

スマートフォンには最初からカメラとマイクが付いていますから、ビデオ会議にはとても向いています。ただし、それぞれアプリからのアクセスを許可してあげる必要があります。Androidでは「音声の録音を許可しますか?」や「写真と動画の撮影を許可しますか?」などの画面で［許可］をタップしてください。なお、カメラを切り替えて、周囲の様子を配信することもできます。

次のページに続く⟶

参加者を招待する

1 [参加者]の画面を表示する

[参加者]を**タップ**

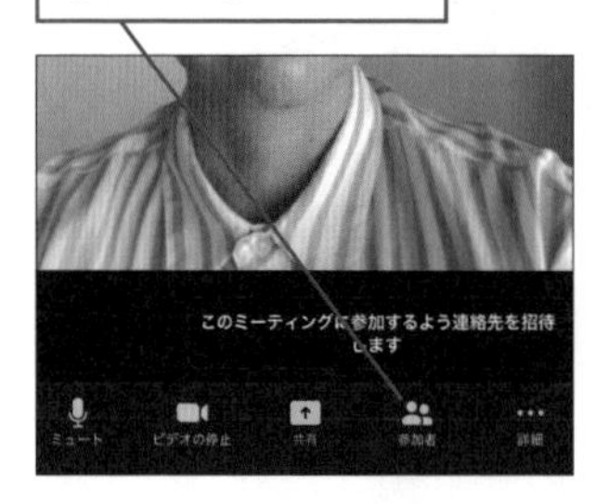

2 招待URLの送信方法を選択する

[参加者]の画面が表示された

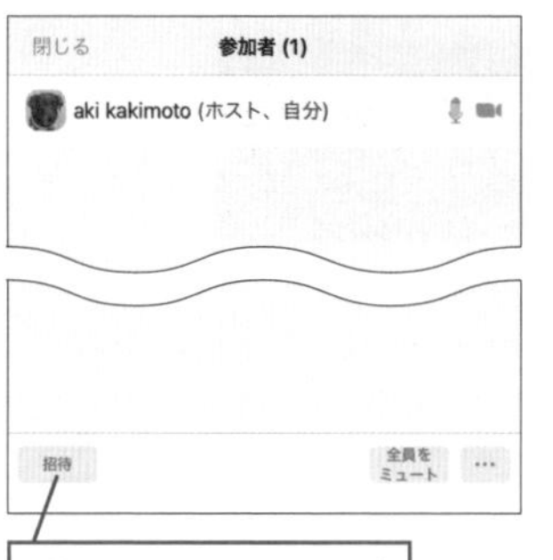

❶[招待]を**タップ**

ここでは、[メッセージ]のアプリで招待URLを送信する

❷[メッセージの送信]を**タップ**

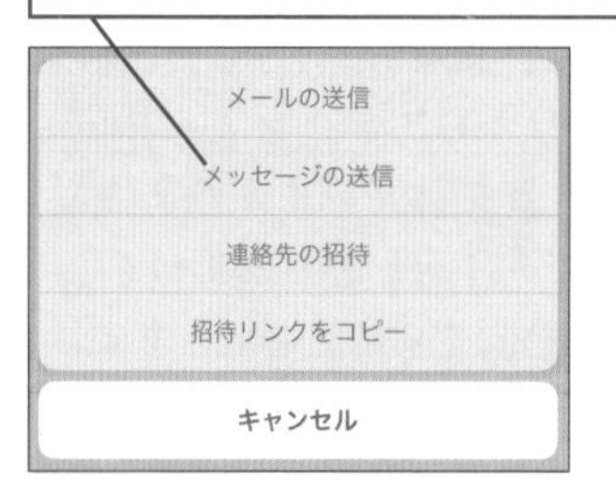

3 参加者に招待URLを送信する

[メッセージ]のアプリが起動し、招待URLが入力された[新規メッセージ]の画面が表示された

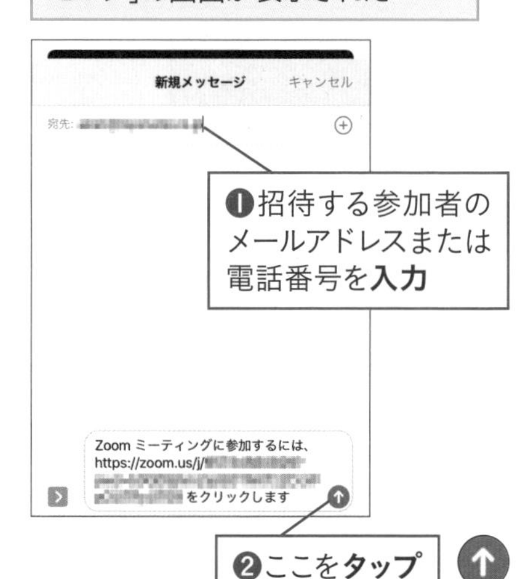

❶招待する参加者のメールアドレスまたは電話番号を**入力**

❷ここを**タップ**

4 ミーティングへの参加を許可する

招待相手がミーティングに参加すると、参加者名が表示される

[許可する]を**タップ**

5 ミーティングの画面を表示する

参加者をミーティングに招待できた

[閉じる]を**タップ**

6 ミーティングの画面が表示された

参加者の画面が大きく表示される

[終了]を**タップ**

7 ミーティングを終了する

[全員に対してミーティングを終了]を**タップ**

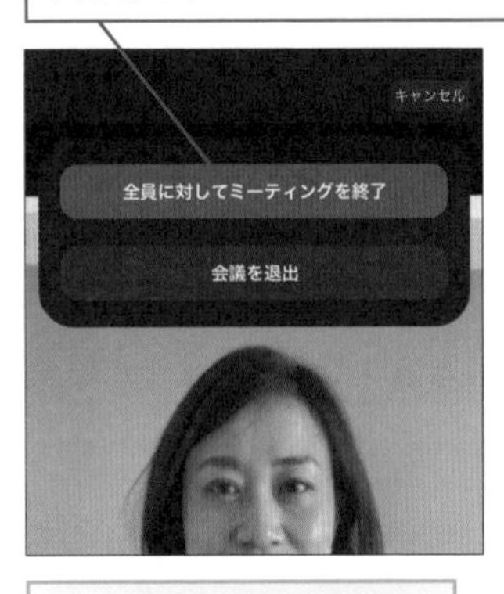

ミーティングが終了する

HINT Androidでの操作について

Androidのアプリでミーティングを開始する場合の手順は、iPhoneとほぼ同じです。前ページの手順2で［招待］をタップすると、少し違った画面が表示されるので、例えばメールを送信するなら［Gmail］をタップしてください。

［招待］の画面から送信方法を選択する

ミーティングに参加する

スマートフォンでZoomを使うと便利なのは、招待されたミーティングに外出先などから参加するときでしょう。パソコンの画面を別の用途に使うこともできます。ここではiPhoneの手順を説明していますが、Androidでもほぼ違いはありません。

1 招待URLから参加する

ここでは［メール］のアプリに届いたURLからミーティングに参加する

ミーティングのURLを**タップ**

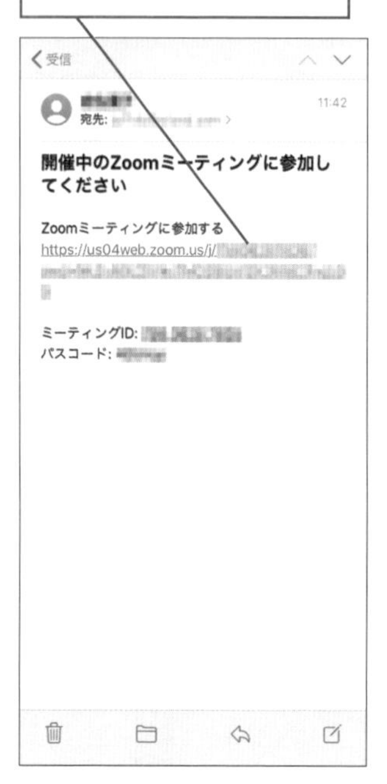

2 ビデオプレビューを確認する

［ビデオプレビュー］の画面が表示された

［ビデオ付きで参加］を**タップ**

3 待合室の画面が表示された

待合室に入った

ホストがミーティングへの参加を許可するまで**待つ**

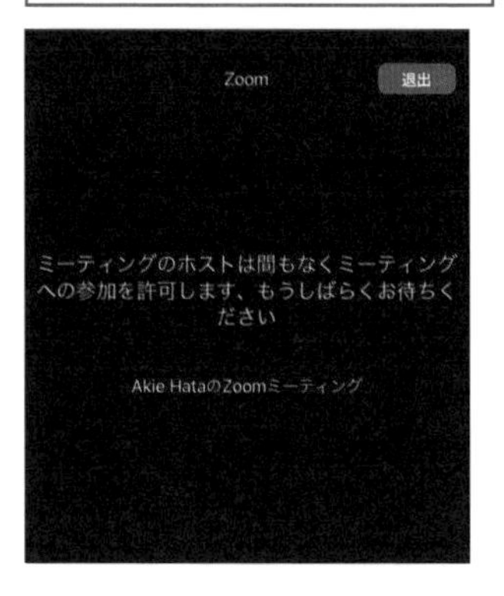

4 通話方法を選択する

ミーティングへの参加が許可されると、オーディオの参加画面が表示される

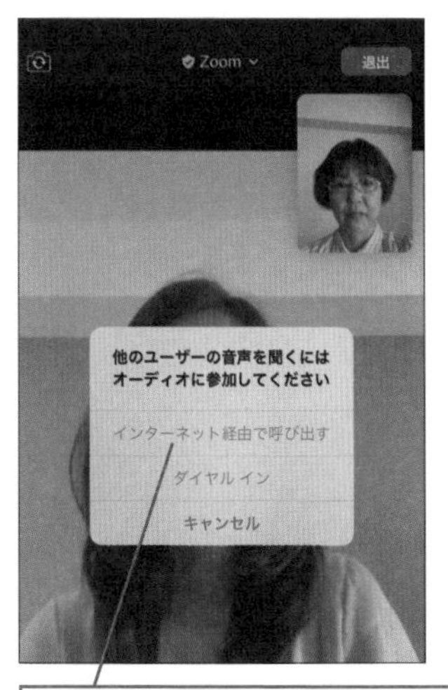

[インターネット経由で呼び出す]を**タップ**

5 ミーティングに参加できた

ミーティングに参加できた

[退出]を**タップ**

6 ミーティングを退出する

[会議を退出]を**タップ**

1 基本
2 参加
3 開催
4 スマートフォン
5 便利ワザ
6 ウェビナー

表示名を変えるには

Zoomのさまざまな設定項目は、スマートフォンのアプリからでも変更できます。ここでは表示名を変更する手順を説明していきますが、ほかにプロフィール画像なども変更できます。なお、Androidでの手順も、説明しているiPhoneの手順とほぼ違いはありません。

1 [設定]の画面を表示する

ワザ34を参考に、ホーム画面を表示しておく

[設定]を**タップ**

2 [自分のプロファイル]の画面を表示する

[設定]の画面が表示された

アカウント名を**タップ**

設定
aki kakimoto ベーシック
ミーティング
連絡先
チャット
一般
Siriのショートカット
詳細情報
Copyright (C)2012-2020 Zoom Video Communications, Inc.
All rights reserved.
ホーム
ミーティング
連絡先
設定

3 表示名の変更画面を表示する

[自分のプロファイル] の画面が表示された

[表示名]を**タップ**

4 表示名を変更して保存する

[表示名] の画面が表示された

❶表示名を**入力**

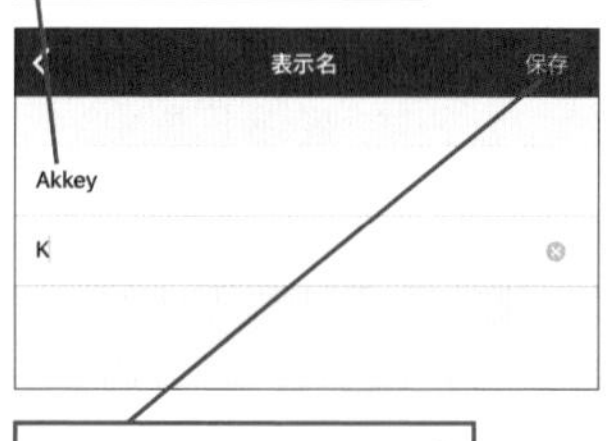

❷ [保存]を**タップ**

5 表示名が変更できた

[表示名]が変更できた

1 基本
2 参加
3 開催
4 スマートフォン
5 便利ワザ
6 ウェビナー

HINT スマートフォンのカメラでプロフィール画像を撮影する

最近のスマートフォンには高性能カメラが内蔵されているので、スマートフォンのZoomを使うときにプロフィール画像も更新しておくと、最新の自分の写真が掲載できて便利です。手順3の画面で [プロファイル写真] をタップして、その場で撮影する場合は [カメラ] を選択します。自撮りの写真を撮影後、位置を調節して [完了]をタップします。

画面共有をしよう

スマートフォンのZoomでも、保存している資料を共有するなど、かなり便利な機能が利用できます。ここでは、スマートフォンの画面をそのままミーティングで共有する方法を説明します。パソコンで画面共有する方法については、このあと第5章のワザ39で説明します。

iPhoneの操作

Androidの手順は101ページから

1 共有方法の一覧を開始する

ワザ35を参考に、ミーティングを開始しておく

[共有]を**タップ**

2 共有する種類を選択する

ここでは、画面を共有する

[画面]を**タップ**

3 画面の共有を開始する

[画面のブロードキャスト] の画面が表示された

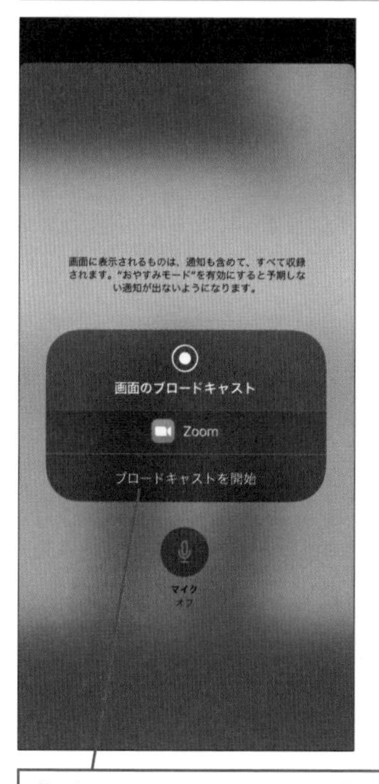

[ブロードキャストを開始] を**タップ**

カウントダウンが表示される

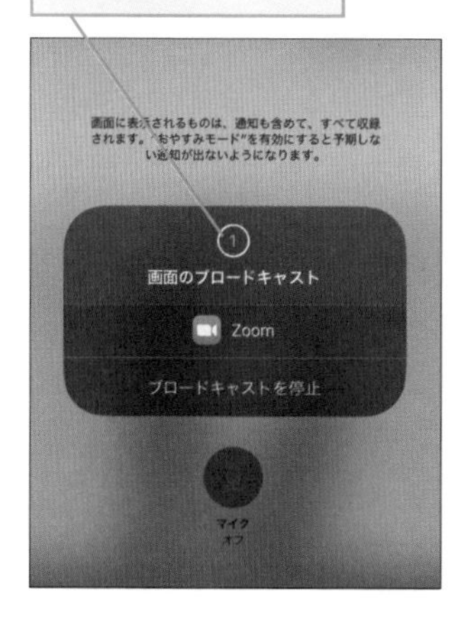

4 共有する画面に切り替える

ここでは、Web画面を表示する

❶ [Safari] のアプリに**切り替える**

参加者の画面にiPhoneの画面が表示される

❷ [Zoom] のアプリに**切り替える**

画面左上の時刻をタップしたあと、[停止]をタップしてもいい

次のページに続く→

5 画面の共有を停止する

[Zoom] のアプリ画面に切り替わった

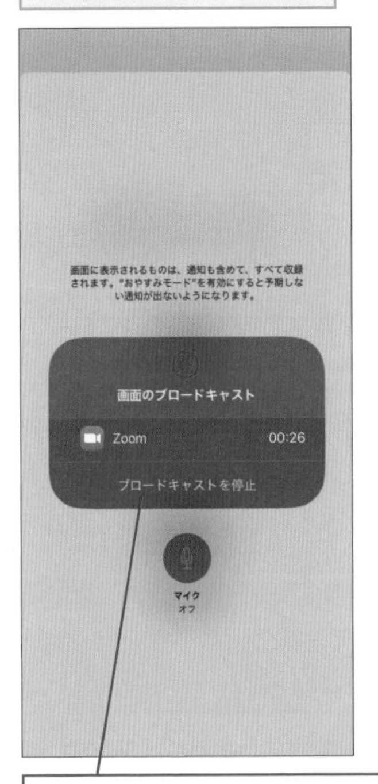

［ブロードキャストを停止］を**タップ**

6 ミーティングの画面に戻った

画面の共有が停止し、ミーティングの画面が表示された

HINT スマートフォンで画面共有する際の注意点

Zoomの画面共有は、主にプレゼンテーションを実施したり、会議の資料を画面に固定したりするのに便利です。パソコンでの操作が向いていますが、スマートフォンのカメラで撮影した写真をそのまま見せたい場合などに、スマートフォンの画面共有が便利でしょう。その際、自分のホーム画面がそのまま見えてしまうので、開くアプリには注意してください。

1 共有方法の一覧を開始する

ワザ35を参考に、ミーティングを開始しておく

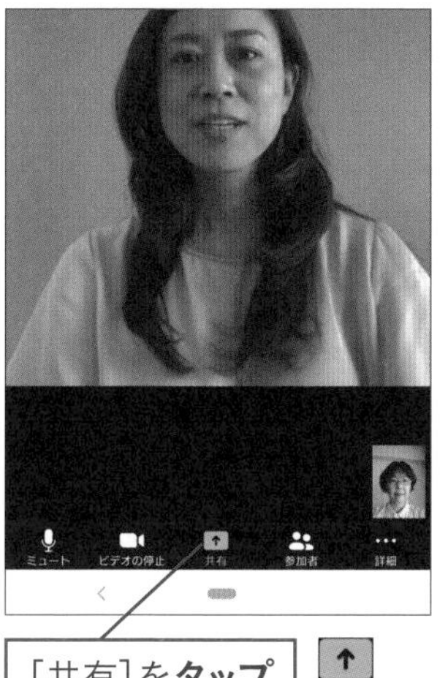

[共有]を**タップ**

2 共有する種類を選択する

ここでは、画面を共有する

[画面]を**タップ**

3 画面の共有を開始する

[今すぐ開始]を**タップ**

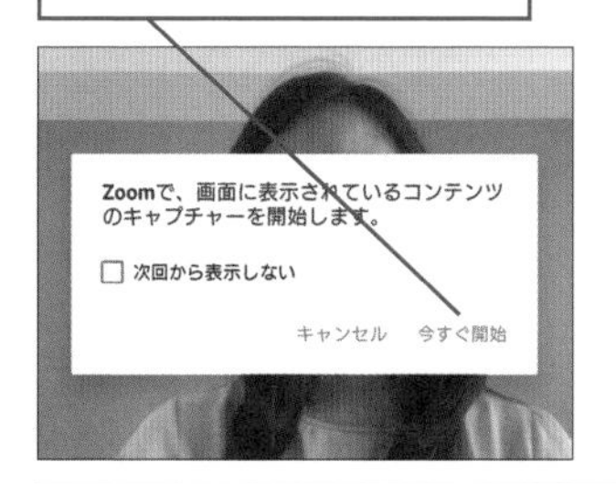

99ページの手順4を参考に、アプリを切り替えて画面を共有する

4 画面の共有を開始する

❶[Zoom] のアプリに**切り替える**

❷[共有の停止]を**タップ**

画面左下の [>]をクリックしたあと、[共有の停止] をクリックしてもいい

COLUMN

Zoom以外にもビデオ会議はある

パソコンやスマートフォンでビデオ会議をするには、Zoomが唯一のアプリではありません。例えば、手軽にテレビ電話をかけるだけならFaceTimeのようなアプリや、SNSやチャットアプリで無料通話もできます。
しかし、そういった通話系のアプリでは、ミーティングを予約したり、資料を共有したりといった機能が足りません。仕事の打ち合わせや、授業・セミナーなどにも利用できるアプリ・サービスをいくつか紹介します。

●Google Meet

検索サービスやAndroidを提供しているGoogle製のビデオ会議で、Googleカレンダーとの連携が便利です。パソコンではWebブラウザーで利用します。

●Microsoft Teams

WindowsやOfficeアプリで知られるマイクロソフトのコミュニケーションツールです。Microsoft 365の各種ツールとの連携が便利です。

どちらもG SuiteやMicrosoft 365といったビジネス向けのサービスに含まれる機能でした。2020年になり、個人がビデオ会議を利用する機会が増えているため、企業でなくても利用でき、個人向けの機能もそれぞれが競い合って改善されています。

第5章

ビデオ会議の便利な設定を知ろう

画面共有を使おう

画面共有とは、自分のパソコンに表示されている画面をそのまま参加者のパソコンにも表示する機能です。表計算ソフトやプレゼンテーションソフトなどで作った資料をプロジェクターで映しながら会議するのと同じようなイメージです。ここではまず特定のウィンドウだけを共有する方法を紹介します。

1 画面共有の選択画面を表示する

ワザ18を参考に、ミーティングを開催しておく

ゲストとして参加している場合は、次ページのHINTを参考に、ホストに画面の共有を許可してもらう

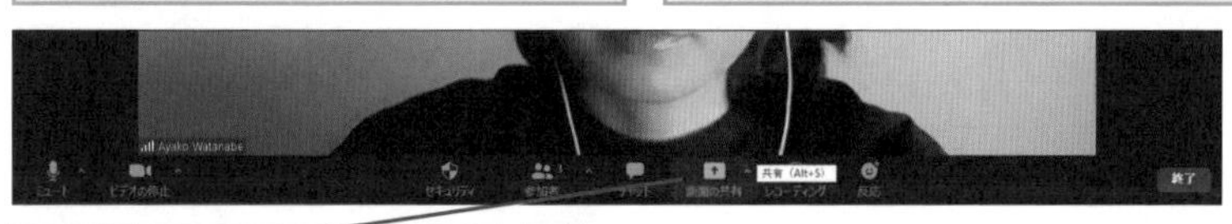

[画面の共有]を**クリック**

2 共有する画面を選択する

[共有するウィンドウまたはアプリケーションの選択] の画面の [ベーシック]タブが表示された

ここではExcelの画面を共有する

❶Excelの画面を**クリック**

❷ [共有]を**クリック**

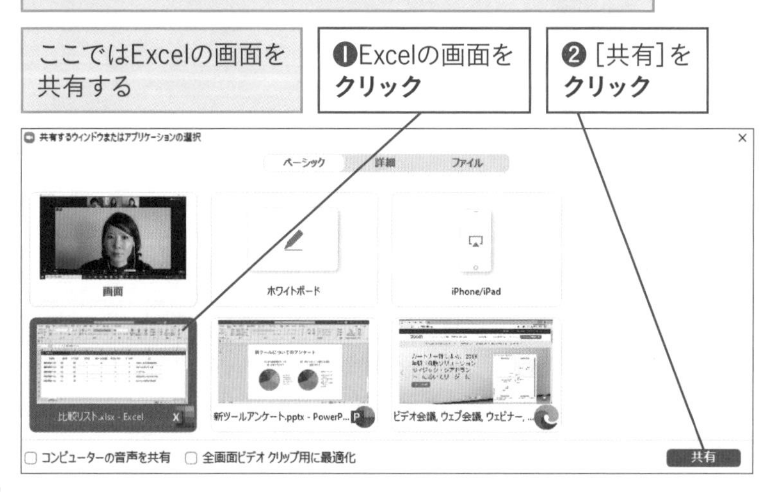

3 特定の画面だけを共有できた

Excelの画面のみがほかの参加者と共有された

[共有の停止]を**クリック**

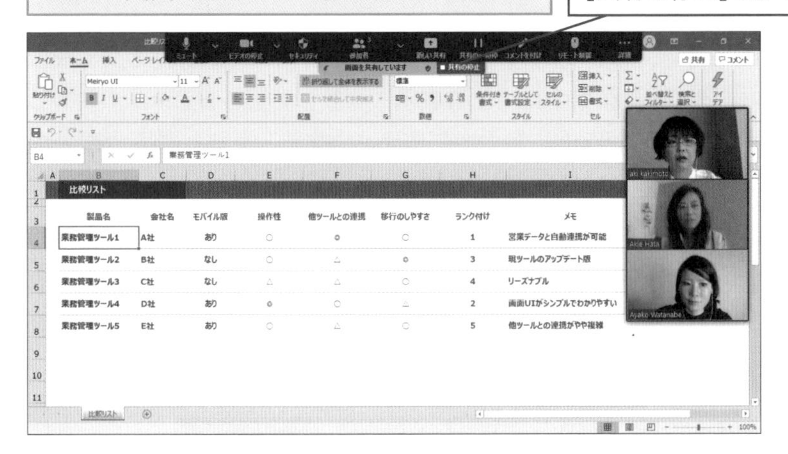

4 画面の共有が終了した

画面の共有が停止した

HINT ホストは参加者による画面共有を許可しておこう

設定によってはホスト以外の参加者が画面共有できない場合があります。参加者による画面共有が必要な場合は、ホストがワザ21を参考に、[セキュリティ]をクリックして[参加者に次を許可]の[画面の共有]にチェックマークを付けておく必要があります。あらかじめすべてのミーティングで画面共有を許可する設定にしておくことも可能です。

画面共有

画面共有の表示モードを切り替える

画面共有がはじまると、ほかの参加者の顔が資料にかぶって表示されてしまうことがあります。そのような場合は［左右表示モード］を選びましょう。共有している資料と参加者の顔が左右に分かれて表示されます。資料と顔表示部分の比率は自由に調節することができます。

1 オプションのメニューを表示する

ゲストとしてミーティングに参加し、画面共有の画面を表示しておく

［オプションを表示］を**クリック**

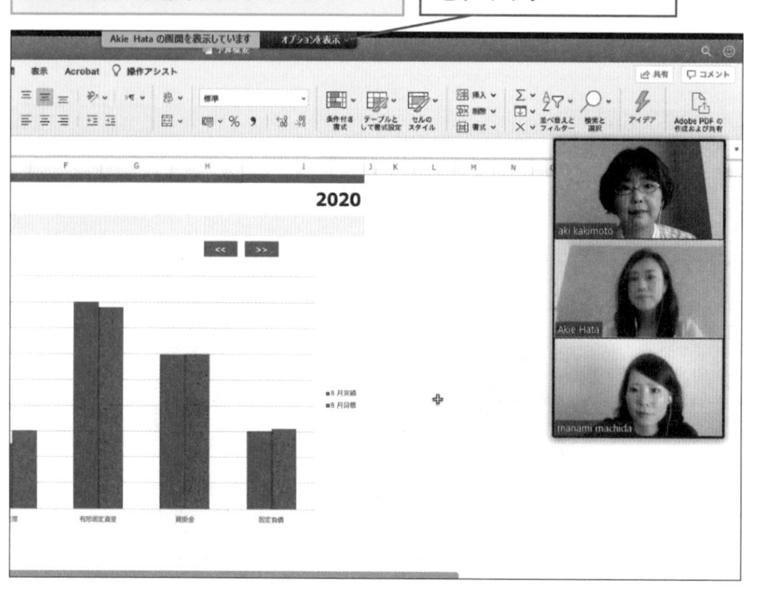

HINT 左右表示モードを指定できない場合も

ミーティングのホストになっていると［左右表示モード］の項目が表示されず、左右表示モードを選べません。また、画面共有を行っている当人や、複数のディスプレイを使用している場合も同様に左右表示モードを利用することができません。

2 [左右表示モード]を選択する

オプションのメニューが表示された

[左右表示モード] を**クリック**

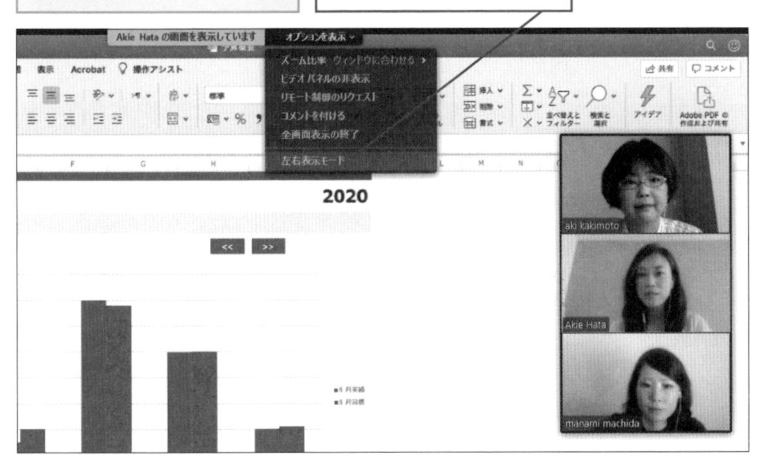

3 [左右表示モード]に切り替わった

共有された画面とビデオパネルが左右に分かれて表示された

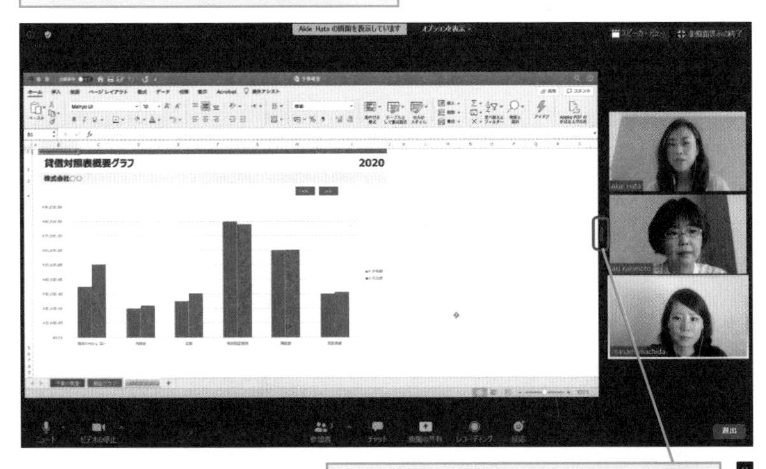

ここを左右にドラッグすると、ビデオパネルの大きさが変更できる

複数画面を共有しよう

デスクトップ全体を使って複数の画面を共有することもできます。表計算ソフトと、プレゼンテーションソフトを行き来しながら説明するといったことができるのです。また、複数のディスプレイが接続されている場合は、どのディスプレイを共有するか選択できます。

1 共有する画面を選択する

ワザ39を参考に、共有画面の選択画面を表示しておく

ここでは、全画面を共有する

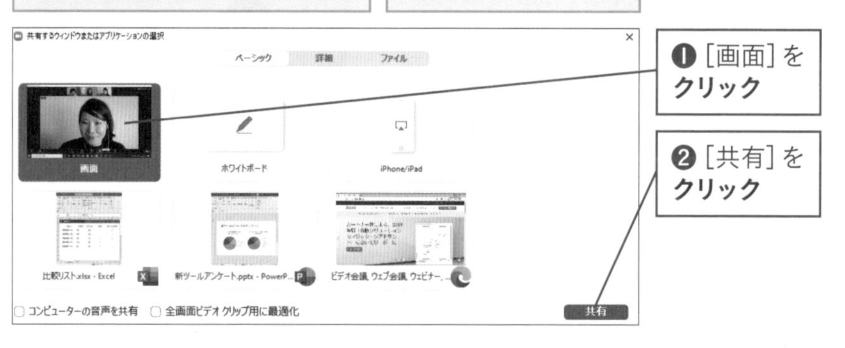

❶［画面］を**クリック**

❷［共有］を**クリック**

2 全画面が共有された

［共有の停止］をクリックすると、画面共有が終了する

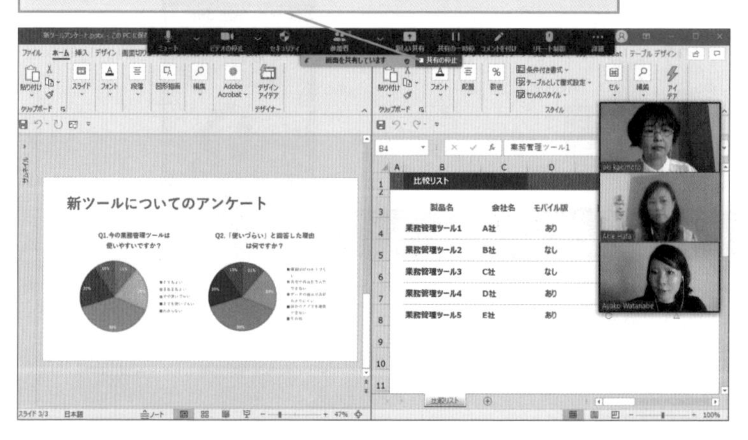

42

Zoom

画面共有

画面に注釈を書くには

共有中の画面に直接コメントやイラストを書いたり、矢印やスタンプなどを表示したりすることができます。画面の中で特定の場所を強調したり、注釈を書き込んだりするときに便利です。また、書き込みを行った状態を画像として保存することもできます。

1 注釈ツールを表示する

ワザ39を参考に、画面を共有しておく

[コメントを付ける]をクリック

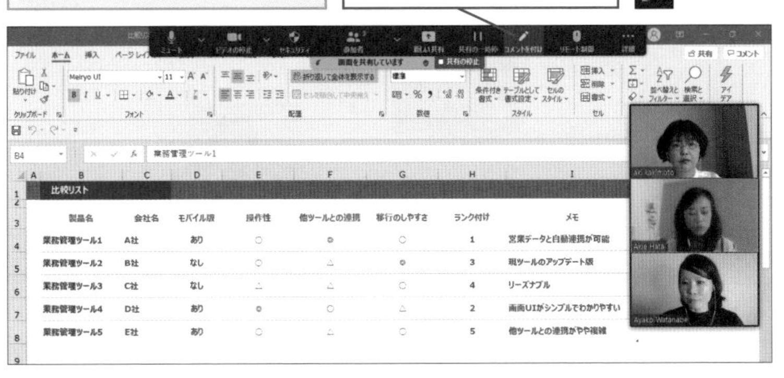

2 注釈が書き込めるようになった

注釈ツールが表示された

[テキスト][絵を描く]などをクリックして注釈を追加する

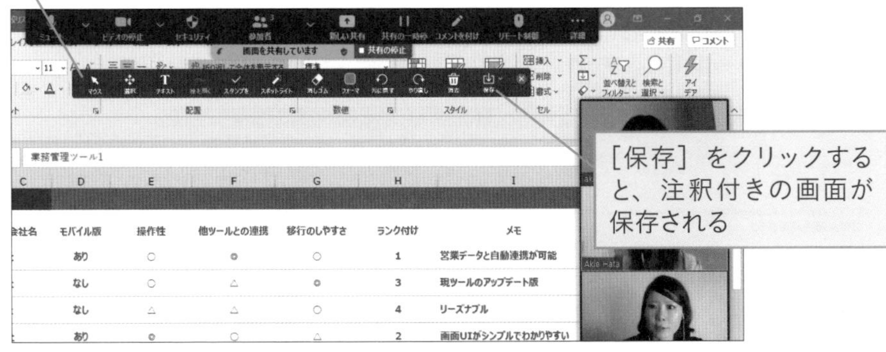

[保存]をクリックすると、注釈付きの画面が保存される

1 基本
2 参加
3 開催
4 スマートフォン
5 便利ワザ
6 ウェビナー

43

Zoom

画面共有

相手の画面をリモート制御しよう

リモート制御機能を使って離れた場所にいるZoomユーザーのパソコンを遠隔操作できます。画面共有している資料に注釈やコメントを付け加えるなどが本来の用途ですが、アプリやパソコンの操作がわからない人を、リモート制御でヘルプするといった使い方もできます。

1 リモート制御をリクエストする

ゲストとしてミーティングに参加し、画面共有の画面を表示しておく

❶［オプションを表示］を**クリック**

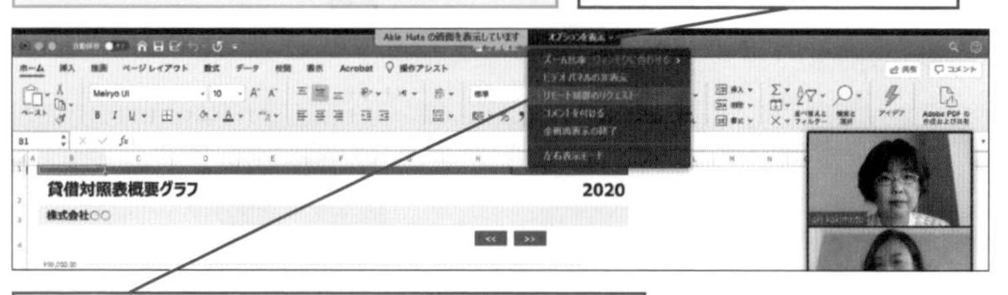

❷［リモート制御のリクエスト］を**クリック**

［リモート制御のリクエスト］ダイアログボックスが表示された

❸［リクエスト］を**クリック**

2 リモート制御が許可された

リクエストが許可されると［○○（ユーザー名）の画面をコントロールできます］と表示される

［オプションを表示］を**クリック**

第5章 ビデオ会議の便利な設定を知ろう

3 リモート制御を開始する

ここでは、共有された画面にコメントを付ける

[コメントを付ける]をクリック

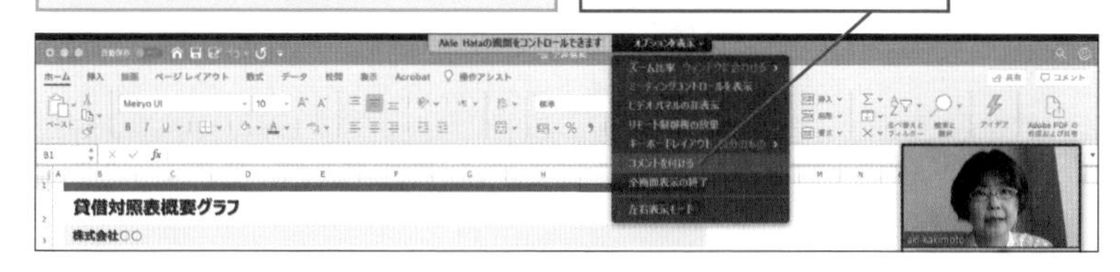

4 注釈ツールが表示された

注釈ツールが表示され、コメントが付けられるようになった

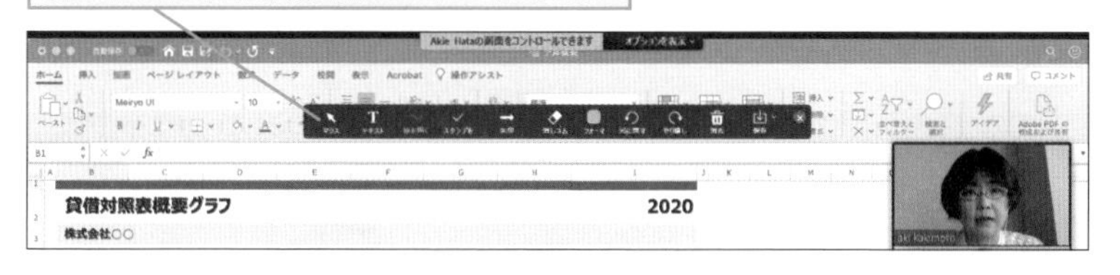

5 リモート制御を終了する

❶[オプションを表示]を**クリック**

❷[リモート制御権の放棄]を**クリック**

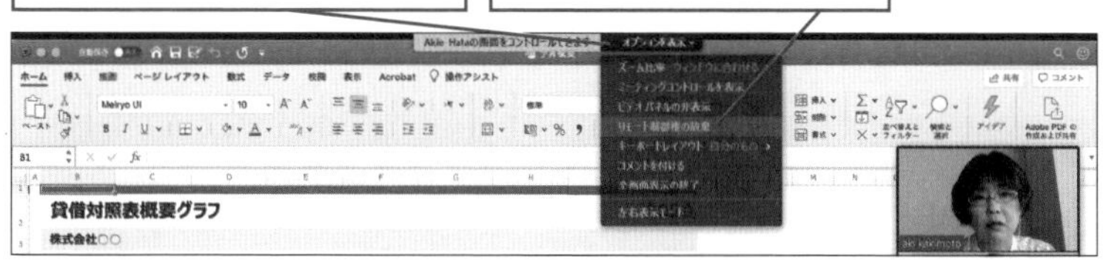

HINT リモート制御を自動的に許可する

リモート制御を行うためには手順1のようにリクエストが必要ですが、ホスト側で[リモート制御]-[全てのリクエストを自動で許可する]をクリックしておけば、いちいちリクエストを行わなくても、誰でもリモート制御が可能になります。ただし悪意を持ったユーザーによるいたずらにも利用できるので、信頼できるメンバーだけのときにしましょう。

画面共有

プレゼンのスライドを背景にしよう

PowerPointやKeynoteで作成したプレゼンテーションのスライドを、バーチャル背景として使用することができます。スライドの中に自分が入り、重要な場所を実際に指さしながら説明することができるのです。普段のミーティングはもちろん、ウェビナーでも活躍する機能です。

1 [詳細]タブから共有を開始する

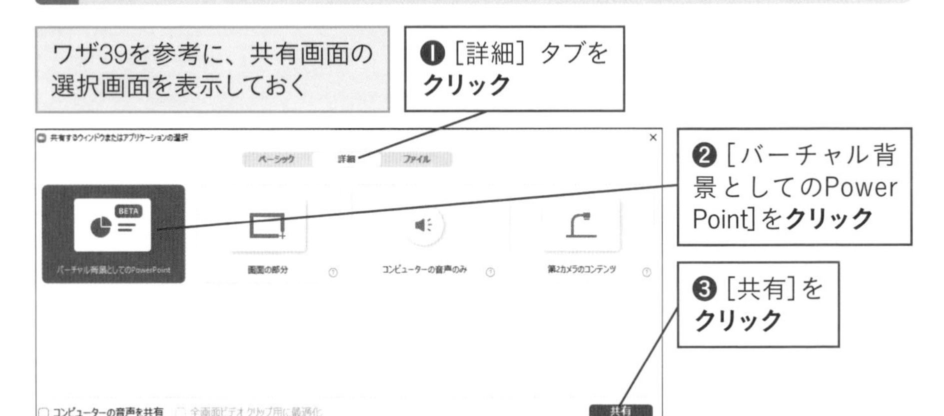

2 共有するファイルを選択する

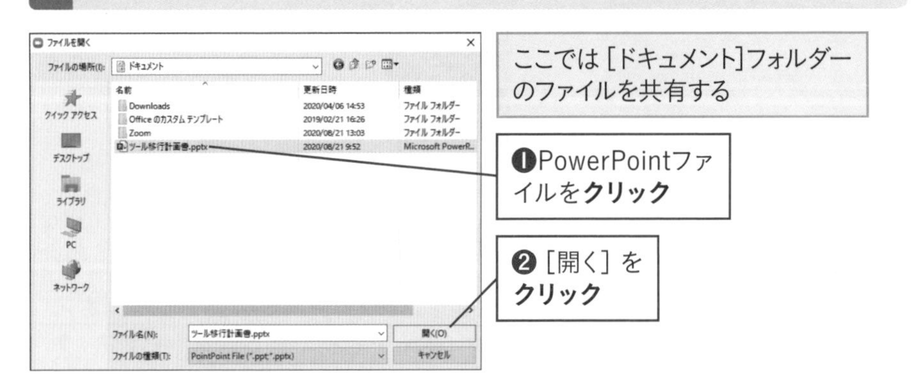

3 PowerPointをバーチャル背景として設定できた

PowerPointファイルの右下に
顔が表示された

顔を**クリック**

4 顔のサイズや位置を調整する

顔をクリックした状態のままドラッグ
すると、配置場所を調整できる

青枠をドラッグすると
大きさを調整できる

ホワイトボードを使おう

[ホワイトボード] の機能を使うと、実際のホワイトボードのように図やテキストをマウスで書きながら、言葉だけでは伝えにくいことをわかりやすく説明できます。また、ホワイトボードの内容は画像として保存し、議事録の代わりとしてミーティング参加者の間で共有できます。

1 ホワイトボードを表示する

ワザ39を参考に、共有画面の選択画面を表示しておく

❶[ホワイトボード]を**クリック**

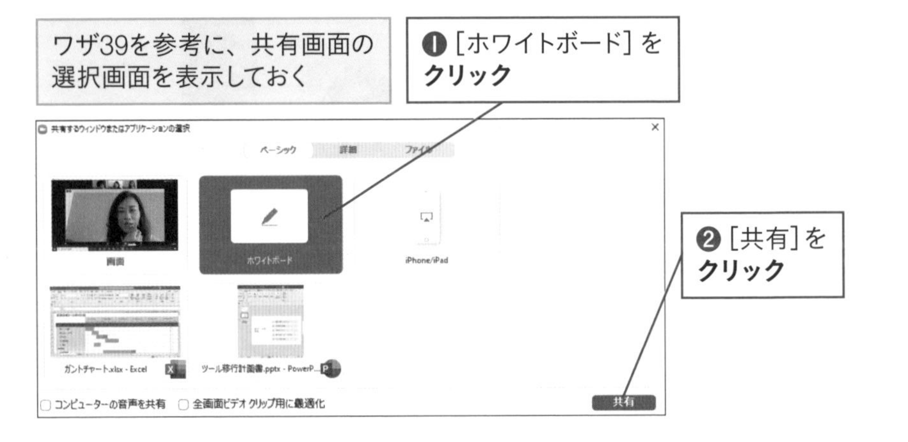

❷[共有]を**クリック**

2 ホワイトボードが表示された

ホワイトボードと注釈ツールが表示された

ホワイトボードに**書き込む**

文字の入力は[テキスト]をクリックする

線や図形の描画は[絵を描く]をクリックする

ホワイトボードの消去は[消去]をクリックする

3 書き込み内容を保存して、終了する

ホワイトボードに書き込みができた

❶［保存］を**クリック**

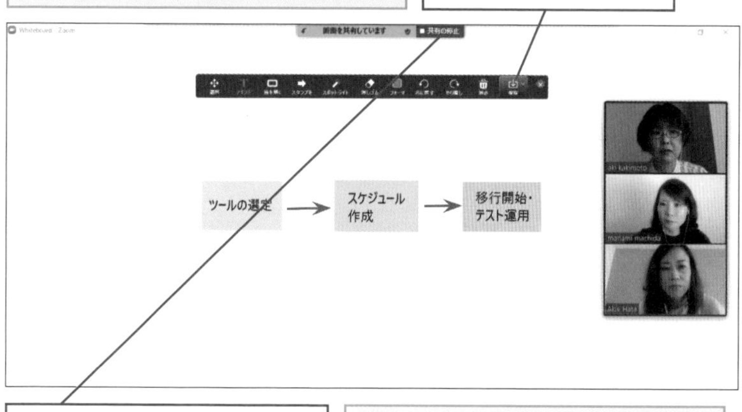

❷［共有の停止］を**クリック**

ホワイトボードの共有が終了する

HINT 参加者もホワイトボードに書き込みできる

ホワイトボードを共有している間は、画面上部にある［オプションを表示］をクリックして［コメントを付ける］を選択することで、共有している人だけではなく、ほかの参加者もホワイトボードに書き込むことができます。

［コメントを付ける］を**クリック**

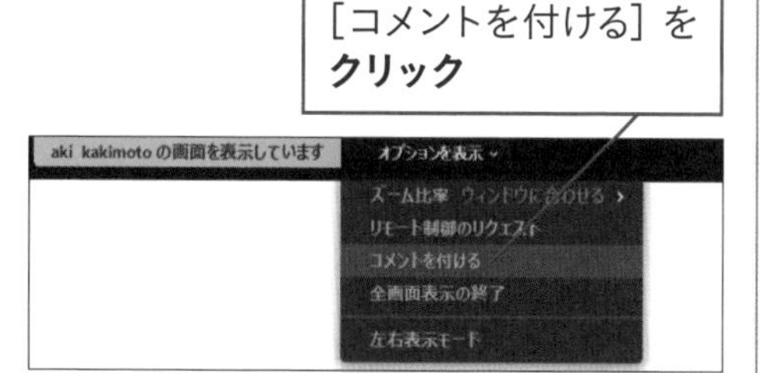

HINT 保存したホワイトボードはどこにあるの？

ホワイトボードを保存すると［フォルダーで表示］をクリックすることで保存先のフォルダーが開きます。通常は［ドキュメント］フォルダー（Macでは［書類］フォルダー）の［Zoom］-［○○（ミーティング名）］のフォルダーに保存されます。

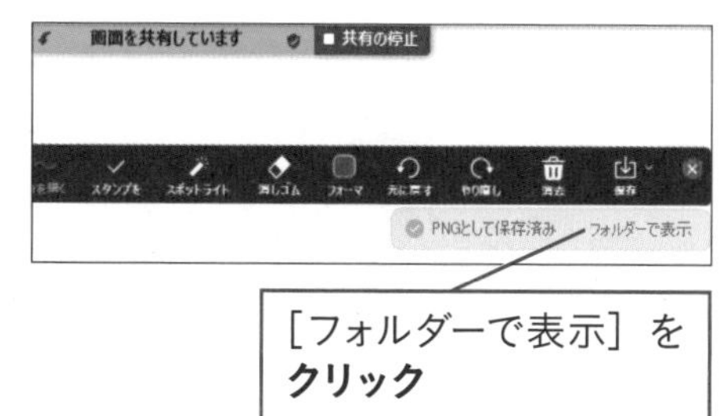

［フォルダーで表示］を**クリック**

便利な機能を使う

特定の人にメッセージを送ろう

［チャット］をクリックすることで、ミーティングに参加中のメンバー全員、もしくは特定の人にメッセージを送ることが可能です。特定の人を指定した場合、会話内容はほかの参加者には見えません。ただし、ホストの設定によっては、チャットが禁止されている場合もあります。

1 ［チャット］の画面を表示する

ワザ07またはワザ18を参考に、ミーティングに参加または開始しておく

［チャット］をクリック

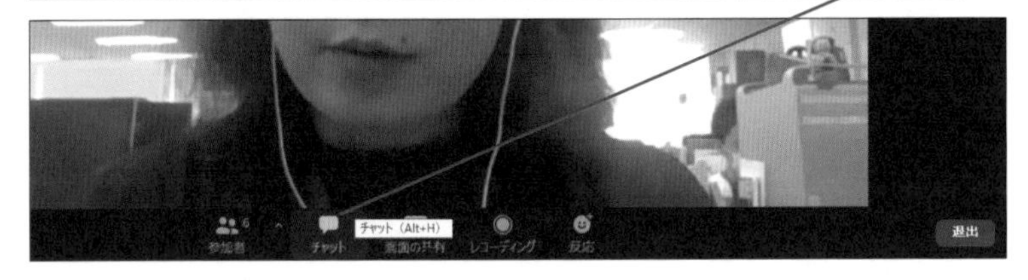

2 送信相手を指定する

［チャット］の画面が表示された

❶［全員］をクリック

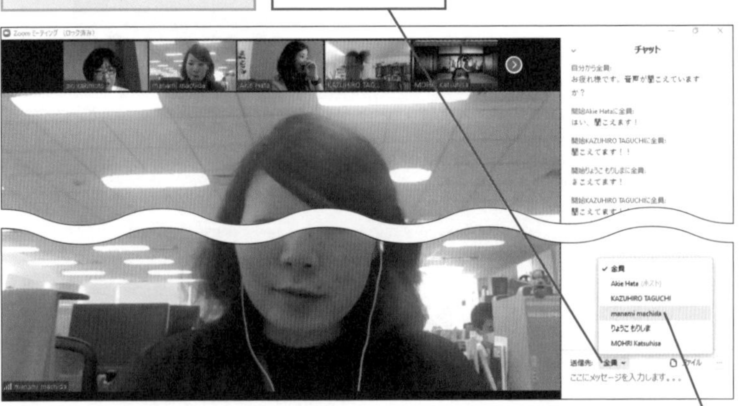

ここでは「manami machida」のみにメッセージを送信する

❷［manami machida］をクリック

3 メッセージを送信する

❶メッセージを**入力**

❷ Enter キーを**押す**

4 特定の相手にメッセージを送信できた

メッセージが送信できた

ほかの参加者には見えない

HINT [チャット]の機能を制限する

ミーティングのホストは参加者が誰とチャットできるかをコントロールできます。通常は誰とでもチャットできますが、ホストのみとしかチャットできないようにしたり、［チャット］の機能を完全に使えないようにしたりすることもできます。

Zoom

バーチャル背景を使おう

バーチャル背景は、ミーティング中の背景として指定した写真や動画を表示する機能です。外出先や自宅の部屋が散らかっている場合など背景を映り込ませたくないときに利用すると便利です。ただしビジネスで利用している場合は、無難な画像を選んでおく必要があります。

1 [設定]の画面を表示する

ワザ18を参考に、ホーム画面を表示しておく

[設定]を**クリック**

2 バーチャル背景を選択する

❶[背景とフィルター]をクリック

ここでは、標準で用意されているSan Franciscoの背景画像を設定する

❷[San Francisco]を**クリック**

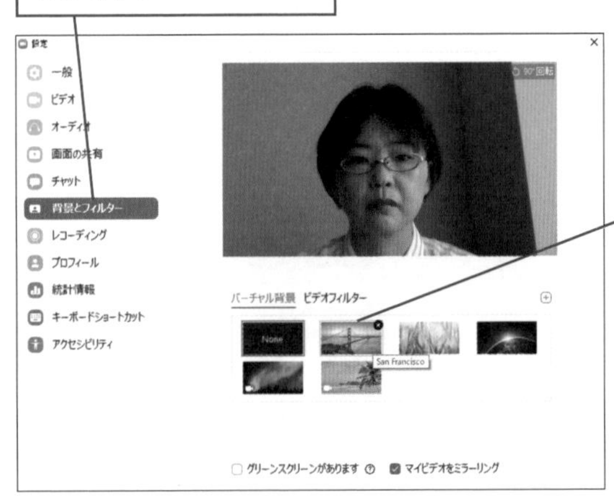

3 [設定]の画面を閉じる

ファイルパッケージのダウンロードを確認する画面が表示されたときは、[ダウンロード]をクリックする

プレビュー画面で背景画面が表示された

画面右上の[閉じる]を**クリック**

4 バーチャル背景が設定できた

ミーティングを開始すると、設定した背景画面が表示される

HINT お気に入りのバーチャル背景を探そう

バーチャル背景には自分で撮影した写真も利用できますが、バーチャル背景に使う画像を提供しているウェブサイトも多数あります。検索エンジンで「バーチャル背景」と「Zoom」のキーワードで検索してみれば、すぐに見つけることができるでしょう。

次のページに続く→

うまく表示できないときは

●照明や衣装、背景などを調整する

自分の顔や服から背景が透き通って見えてしまうなど、バーチャル背景がうまく表示できないときは、明るすぎる照明を暗くしたり、複雑な柄のシャツなら無地のものに着替えたり、背景がごちゃごちゃしている場合は少し片付けたり、といった工夫をしてみましょう。

●グリーンスクリーンを用意する

それでもうまくいかない場合は、背景に緑の布や紙（グリーンスクリーン）を用意してみるといいでしょう。そのときは、［背景とフィルター］の画面にある［グリーンスクリーンがあります］をクリックして、チェックマークを付ける必要があります。

［グリーンスクリーンがあります］にチェックマークを付ける

HINT バーチャル背景に画像を追加するには

バーチャル背景を設定するには、［背景とフィルター］の画面で背景に表示したい画像を選択します。あらかじめ用意されている画像を利用してもいいですし、［+］をクリックすることで、自分で用意した写真や動画を使用することもできます。

［設定］の画面を表示しておく

❶［+］を**クリック**

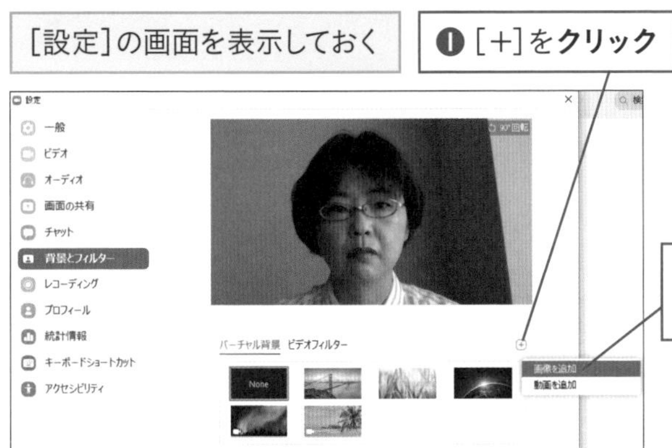

❷［画像を追加］を**クリック**

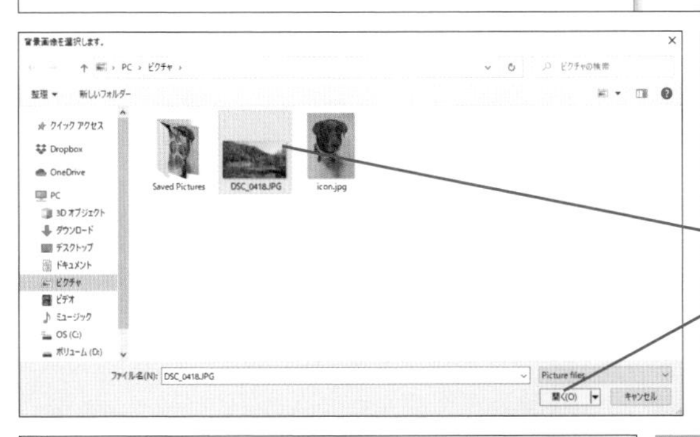

ここでは［ピクチャ］フォルダーの画像を追加する

❸画像を**クリック**

❹［開く］を**クリック**

追加した画像をバーチャル背景に設定できた

画像にマウスポインターを合わせた後に［×］をクリックすると、画像を削除できる

自分の画面をカスタマイズしよう

［ビデオフィルター］の機能を使うと、AR技術を使って自分の顔にサングラスやマスク、口ひげなどのイラストを重ねて表示することができます。また、画面の色味をモノクロやセピア調にしたり、画面に額縁を表示したりすることなども可能です。

1 ［ビデオフィルター］タブを表示する

ワザ47を参考に、［背景とフィルター］の画面を表示しておく

［ビデオフィルター］タブを**クリック**

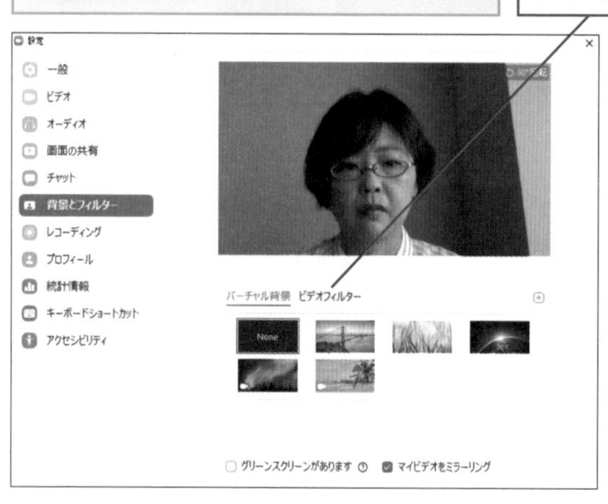

HINT TPOには配慮しましょう

［ビデオフィルター］はユニークな機能ですが、あまりふざけた効果はビジネスミーティングにはそぐいません。マナーやTPOを考え、友だちや同僚同士など多少のおふざけなら許されるシチュエーションのときだけ利用するようにしましょう。

2 フィルターを選択する

ビデオフィルターの一覧が表示された

ここではネズミのフィルターを設定する

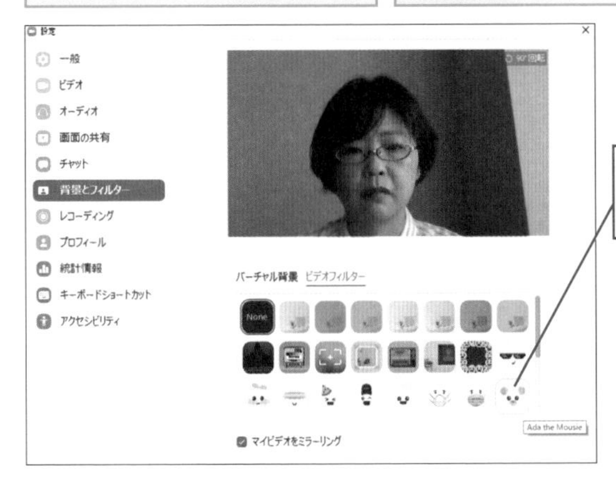

[Ada the Mousie] を**クリック**

3 フィルターが選択できた

顔にネズミの耳と鼻のフィルターが設定された

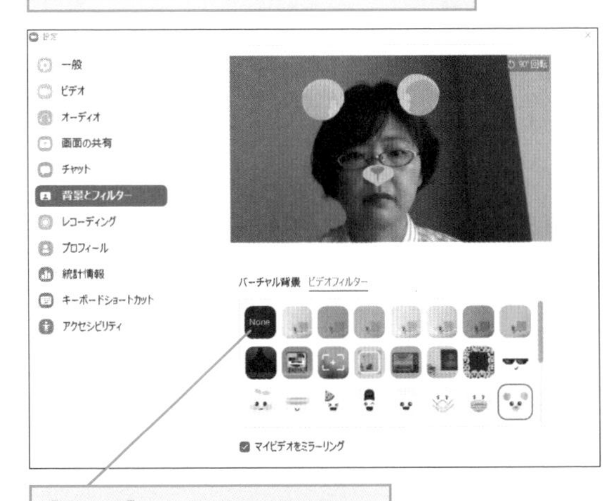

[None] をクリックすると、フィルターをリセットできる

便利な機能を使う

ファイルを共有しよう

ミーティングの参考資料として自分のパソコン内にある写真やPDFなどのファイルをメンバーと共有したい場合は、［チャット］の画面にファイルをアップロードすることで、ミーティングの参加者全員と共有できます。ただし、スマートフォンではこの機能は使えないので注意しましょう。

1 ファイルの共有を開始する

ワザ46を参考に、［チャット］の画面を表示しておく

［ファイル］を**クリック**

2 ファイルの保存場所を指定する

ここでは、自分のパソコンを選択する

［コンピュータ］を**クリック**

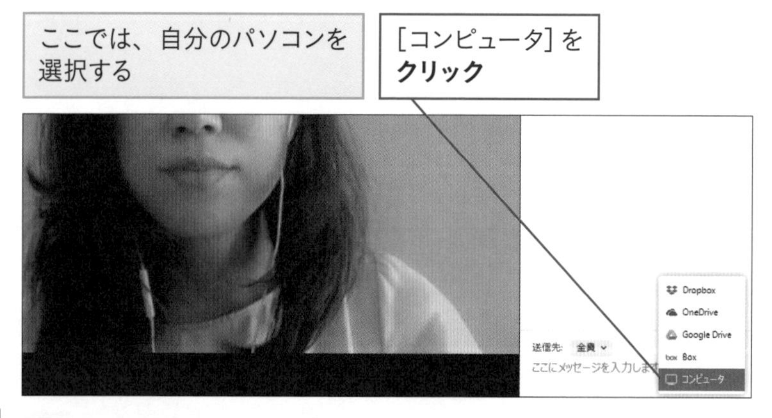

3 ファイルを選択する

［ファイルを開く］ダイアログボックスが表示された

ここでは［ドキュメント］フォルダーにあるファイルを選択する

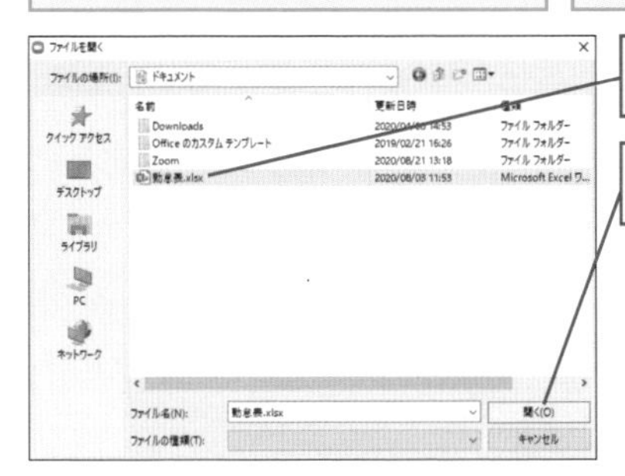

❶ファイルを**選択**

❷［開く］を**クリック**

4 ファイルが共有された

選択したファイルが表示された

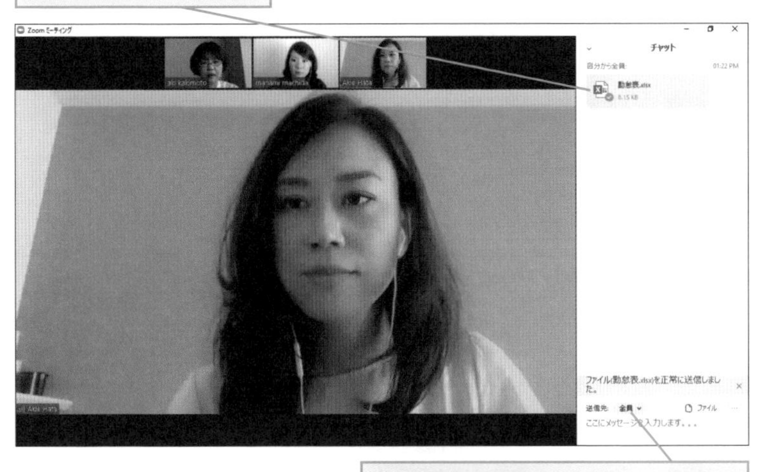

［送信先］を指定すると、特定の相手のみにファイルを共有できる

1 基本
2 参加
3 開催
4 スマートフォン
5 便利ワザ
6 ウェビナー

便利な機能を使う

Zoomのアプリを更新するには

Zoomのアプリは頻繁にアップデートが行われています。セキュリティの観点からはもちろん、新機能もどんどん追加されますので、アプリは常に最新のものを利用する必要があります。アップデートの確認を行い、もし新しいバージョンのアプリがあればすぐに更新しましょう。

1 アップデートを確認する

ワザ18を参考にZoomのホーム画面を表示しておく

❶画面右上のアカウントアイコンを**クリック**

❷［アップデートを確認］を**クリック**

2 アップデートを実行する

新バージョンの詳細が表示された

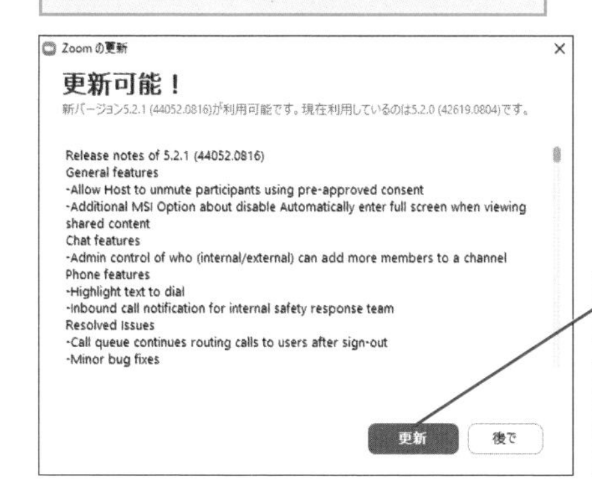

[更新]を**クリック**

アップデートが終了したらアプリが再起動される

HINT アップデートはホーム画面に表示される

新しいアップデートファイルがあると、ホーム画面に「新しいバージョンを使用できます。 更新」という文字が表示されますので、[更新]をクリックしましょう。

新しいバージョンがあると表示される

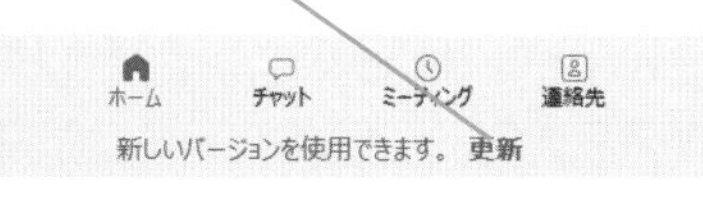

HINT Zoom ってセキュリティに不安があるの？

「Zoomのセキュリティ対策に不安」といった記事を見かけて心配している方がいるかもしれません。確かに以前のバージョン（4.6.9以前）では、IPAなどの専門機関から警告が発せられるような深刻なセキュリティ脆弱性が報告されていましたが、現在はすべて修正されたバージョンのアプリが配布されていますので、最新版を使っている限りは基本的に安心して利用できます。

複数のセッションを作るには

[ブレイクアウトルーム] の機能を使えば、1つのミーティングを最大50のセッションに分割できます。全体会議から少人数のグループに分かれてグループミーティングなどを行う際に便利な機能です。この機能は、ミーティングのホストのみが使用できます。

1 [ブレイクアウトルーム]の機能を有効化する

ワザ20を参考に、Webブラウザーで[プロフィール]の画面を表示しておく

❶[設定]を**クリック**

❷ここを下へドラッグして**スクロール**

❸[ブレイクアウトルーム] のここを**クリック**

[ブレイクアウトルーム] が有効化された

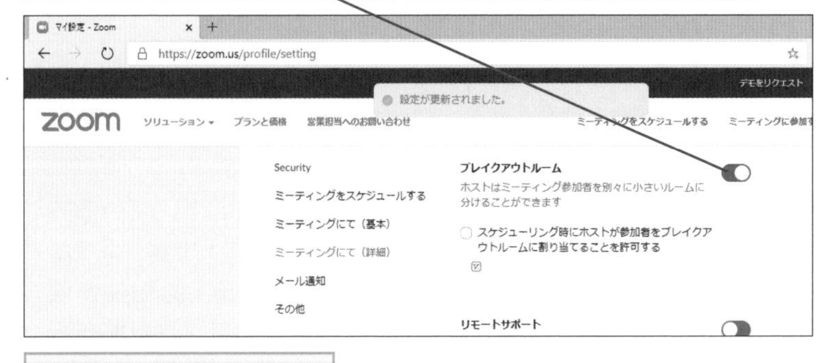

Webブラウザーを閉じる

2 セッションを作成する

ワザ18を参考に、ミーティングを開始しておく

❶［ブレークアウトセッション］を**クリック**

ここでは3つのセッションを作成し、手動で参加者を割り当てる

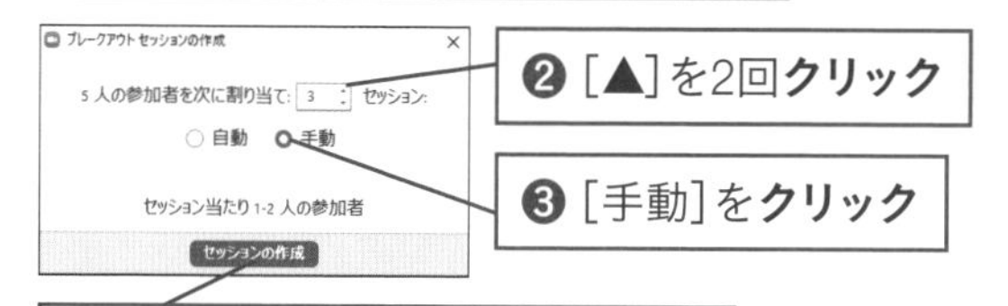

❷［▲］を2回**クリック**

❸［手動］を**クリック**

❹［セッションの作成］を**クリック**

3 セッションに参加者を割り当てる

［ブレークアウトセッション］の画面が表示された

❶参加者を割り当てるセッションの［割り当て］を**クリック**

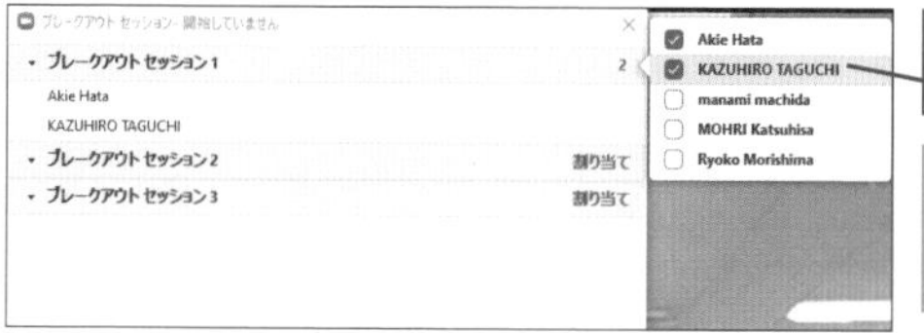

❷参加者名を**クリック**

ほかのセッションにも参加者を割り当てる

4 セッションを開始する

［すべてのセッションを開始］を**クリック**

参加者が参加するとセッションが開始される

［すべてのセッションを停止］をクリックすると、ミーティング画面に戻る

Googleアカウントと連携しよう

自分のGoogleアカウントをZoomと連携すると、ZoomからGoogleカレンダーに直接ミーティングの予定を入力したり、Googleドライブに保存したファイルをZoomで画面共有したりといった、Googleが提供するサービスとZoomをシームレスに使うことが可能になります。

1 Googleのサービスとの連携を開始する

ワザ20を参考に、Webブラウザーで[プロフィール]の画面を表示しておく

❶ここを下へドラッグして**スクロール**

❷ [Configure Calendar and Contact Service]を**クリック**

2 サービスを選択する

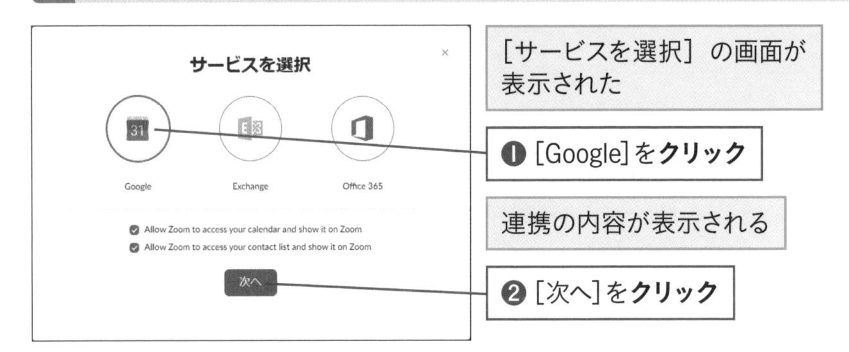

[サービスを選択] の画面が表示された

❶ [Google]を**クリック**

連携の内容が表示される

❷ [次へ]を**クリック**

3 Googleアカウントへのアクセスを許可する

Zoomとの連携を設定するGoogleアカウントを選択しておく

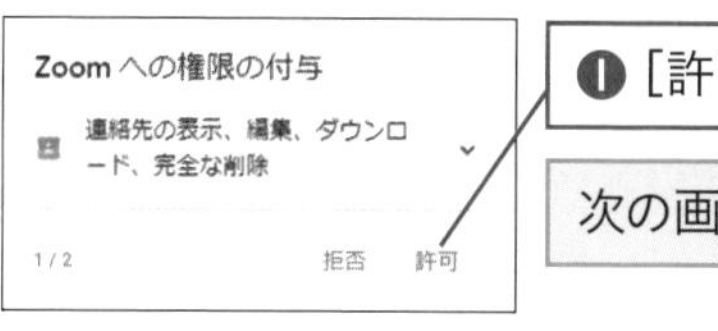

❶［許可］を**クリック**

次の画面でも［許可］をクリックする

Zoomとの連携を確認する画面が表示された

❷Zoomとの連携内容を**確認**

ワザ25でGoogleカレンダーを選択した場合は、すでにカレンダーのアクセスが許可されている

❸［許可］を**クリック**

4 Googleアカウントと連携できた

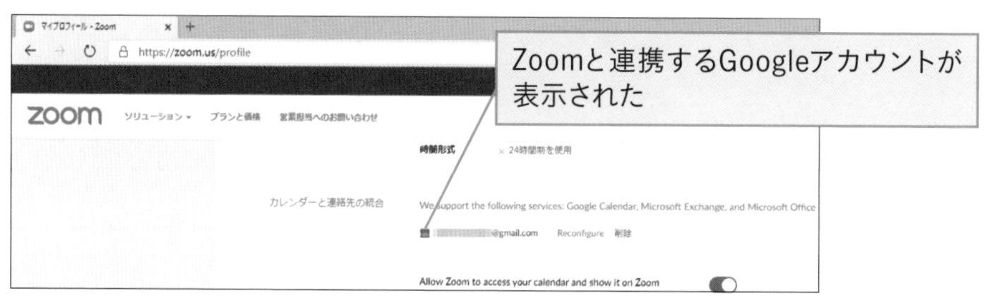

Zoomと連携するGoogleアカウントが表示された

Slackと連携しよう

Googleと同様に、コミュニケーションツールのSlackとZoomを連携することも可能です。設定が完了すると、Slackから直接Zoomのミーティングを作成・参加したり、ミーティングを録画したデータをSlackのメッセージから確認したりすることができるようになります。

Slackとの連携を承認する

1 App Marketplaceにアクセスする

Webブラウザーを起動しておく

❶右記のWebサイトに**アクセス**

App Marketplace
https://marketplace.zoom.us/

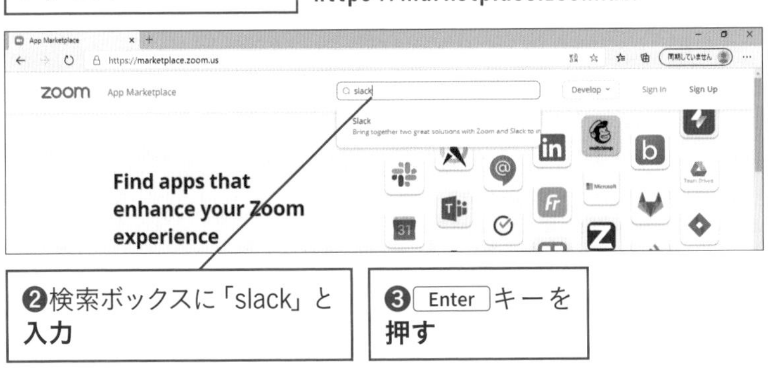

❷検索ボックスに「slack」と**入力**

❸ Enter キーを**押す**

2 Slackの説明画面を選択する

[Slack]を**クリック**

3 Slackにサインインする

Slackの説明画面が表示された

[Sign in to install] を**クリック**

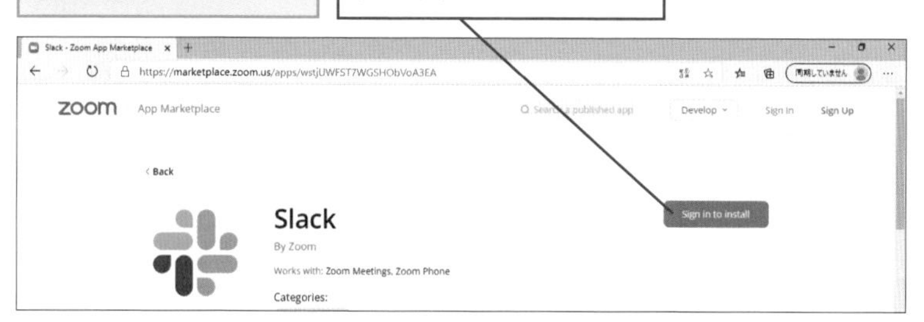

サインインの画面が表示されたときは、Zoomのアカウントとパスワードを入力してサインインする

4 Slackを事前承認する

画面の右側に事前承認の説明が表示された

❶ [Pre-approve] を**クリック**

❷ [Visit site to install] を**クリック**

HINT 「/zoom」でミーティングスタート

Slackとの連携が完了していれば、Slack上で [/zoom] と入力するだけで、自動的にミーティングが作成されます。チャンネルやダイレクトメッセージのメンバー全員に参加を求めるメッセージが表示され、[参加する] をクリックするとWebブラウザーでZoomが起動します。

次のページに続く⟶

5 インストール範囲を指定する

インストール範囲の指定画面が表示された

ここでは、ワークスペースの参加者全員のSlackにインストールする

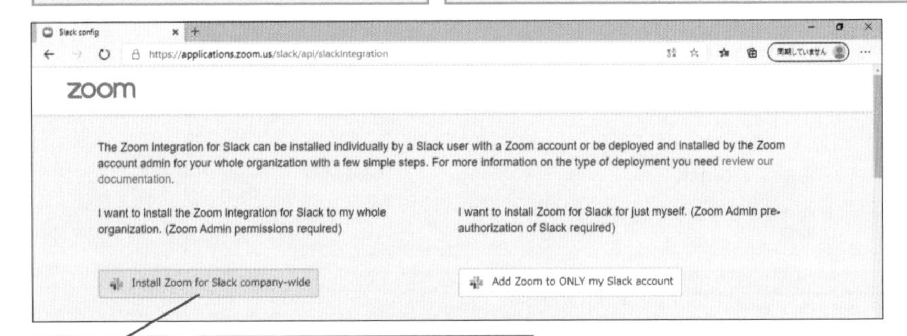

[Install Zoom for Slack company-wide]を**クリック**

SlackにZoomへのアクセスを許可する

1 SlackにZoomへのアクセスを許可する

Zoomアカウントへのアクセスを許可するかどうかを確認する画面が表示された

❶アクセスする内容を**確認**

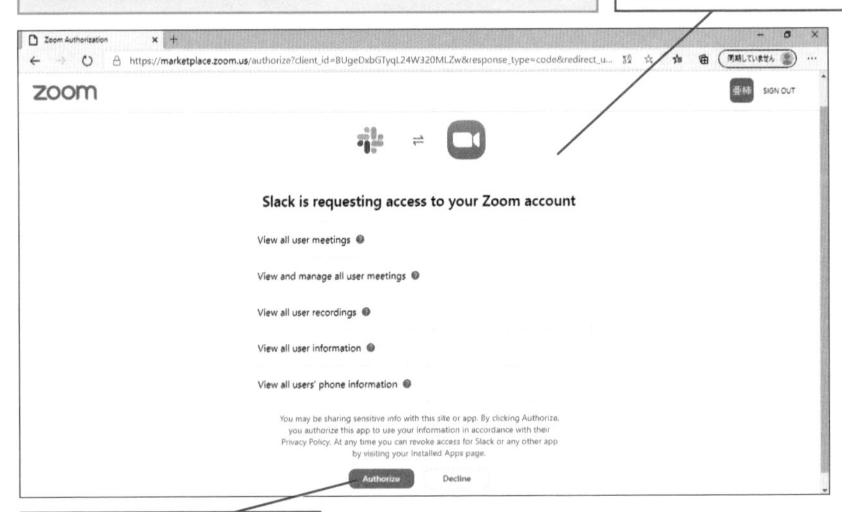

❷ [Authorize]を**クリック**

2 Slackのワークスペースを指定する

❶ [Connect to Slack workspace] を**クリック**

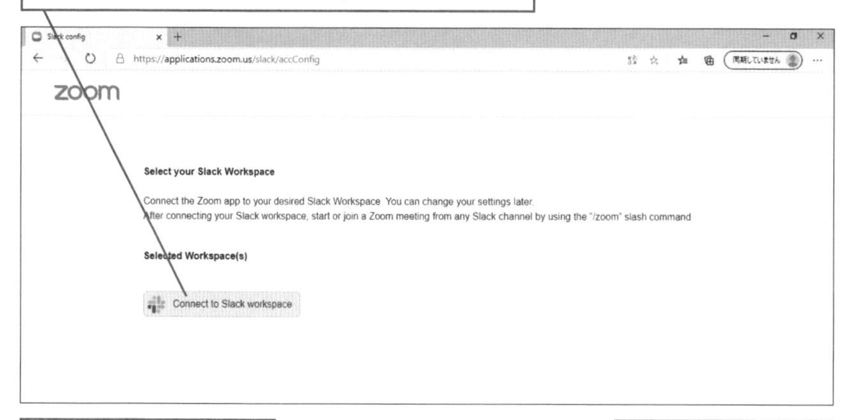

❷ワークスペースのアドレスを**入力**

❸ [続行する] を**クリック**

HINT さまざまなサービスと連携する

SlackはZoomだけではなくGoogleやMicrosoft Officeとも連携できるので、Slackをハブにすることで、SlackのワークスペースからZoomミーティングの予定、GoogleカレンダーやOutlookに登録した予定などをすべて一括して管理できます。

次のページに続く⟶

3 Slackにサインインする

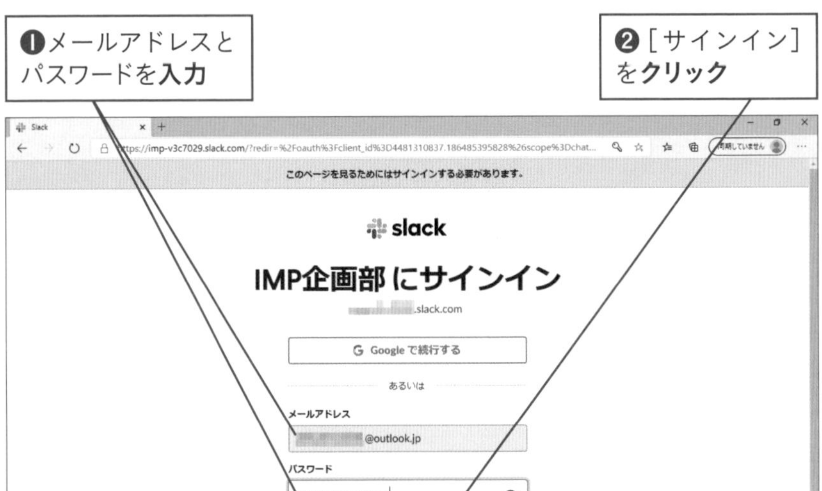

4 ワークスペースへのアクセスを許可する

ワークスペースへのアクセスについて確認する画面が表示された

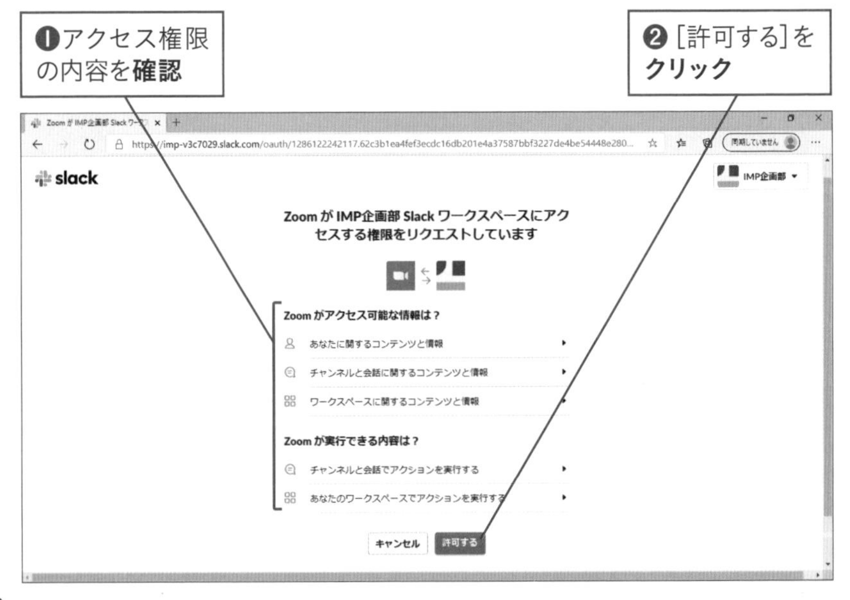

5 SlackにZoomアプリをインストールできた

インストール完了の画面が表示された

Webブラウザーは閉じておく

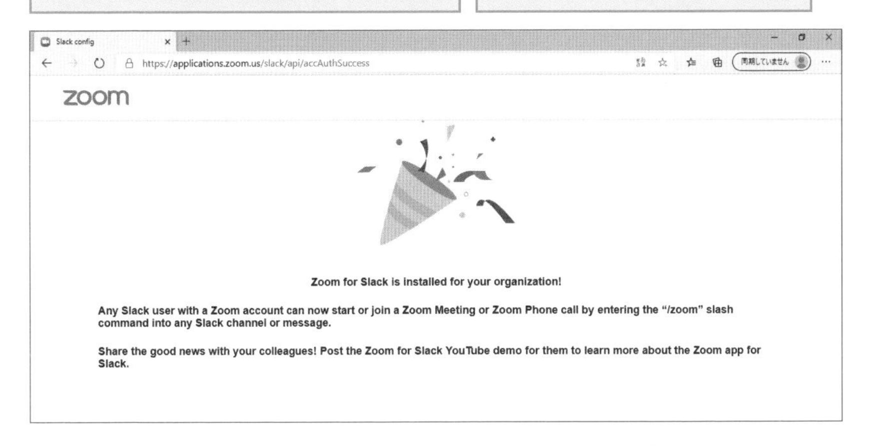

SlackからZoomミーティングを開始する

1 Zoomのコマンドを確認する

Slackを起動しておく

[App]の［Zoom］を**クリック**

Zoomのコマンド一覧が表示された

次のページに続く→

2 チャンネルを選択する

ここではワークスペースのメンバー全員が参加する「#general」チャンネルで、Zoomミーティングをはじめる

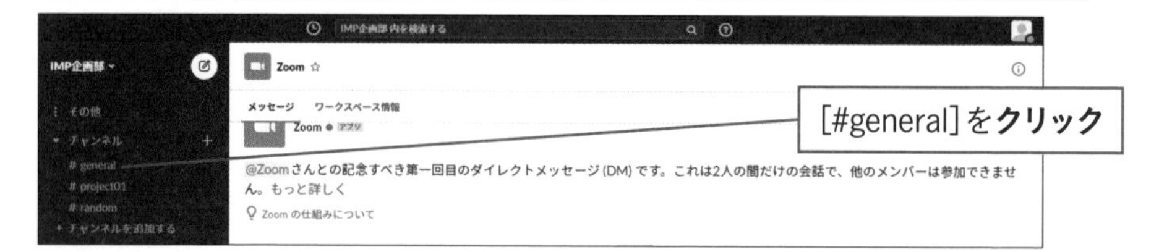

3 コマンドを入力する

「#general」チャンネルが表示された

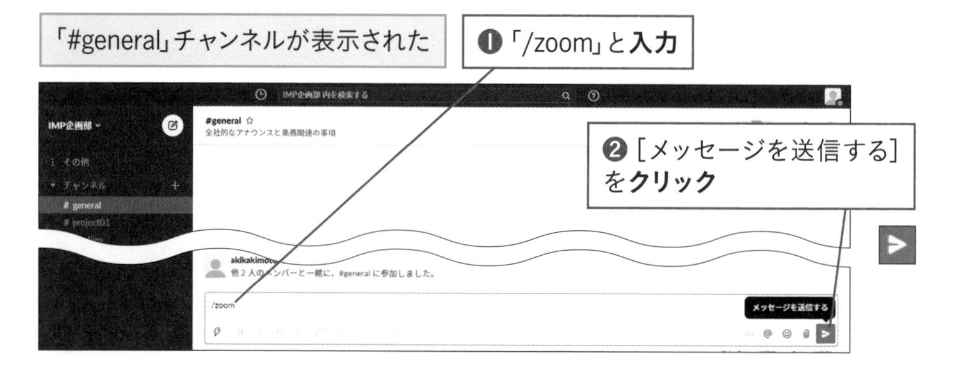

4 Zoomミーティングが設定できた

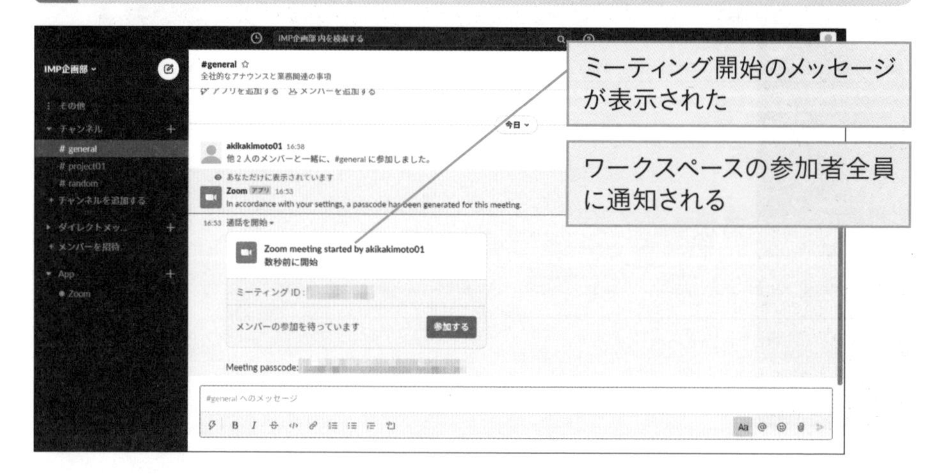

Zoom

Zoomから退会するには

所定の手続きを行えば、いつでもZoomを退会することができます。ただし無料アカウントと有料プランのアカウントでは退会の方法が異なります。前者は［アカウントプロフィール］の画面から、後者は［支払い］の画面から手続きを行うことになります。

無料のアカウントを削除する

1 ［アカウントプロフィール］の画面を表示する

ワザ20を参考に、Webブラウザーで［プロフィール］の画面を表示しておく

❶［アカウント管理］を**クリック**

❷［アカウントプロフィール］を**クリック**

次のページに続く→

2 アカウントを終了する

［アカウントプロフィール］の画面が表示された

［アカウントを終了する］を**クリック**

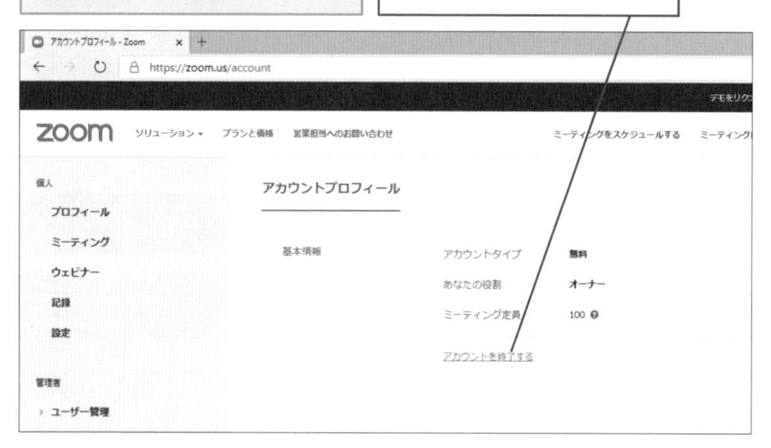

3 確認画面で設定する

［確認］の画面が表示された

［はい］を**クリック**

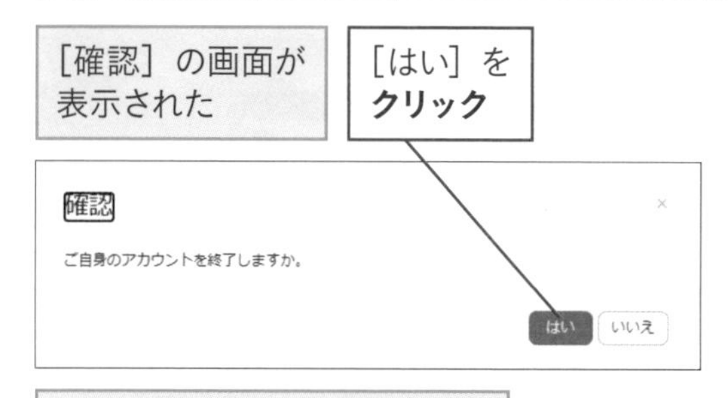

すぐにアカウントが削除される

HINT 退会前に注意すること

Zoomのアカウントを削除すれば、当然ながら作成したミーティングの予定やチャットグループ、お気に入りの設定などすべてがなくなってしまいます。再び登録してもこれらは復活しないことを覚えておきましょう。

有料のアカウントを削除する

1 ［支払い］の画面を表示する

ワザ20を参考に、Webブラウザーで［プロフィール］の画面を表示しておく

❶［アカウント管理］をクリック

❷［支払い］をクリック

2 中止するプランを選択する

ここでは［プロ］プランの登録を中止する

［登録を中止］をクリック

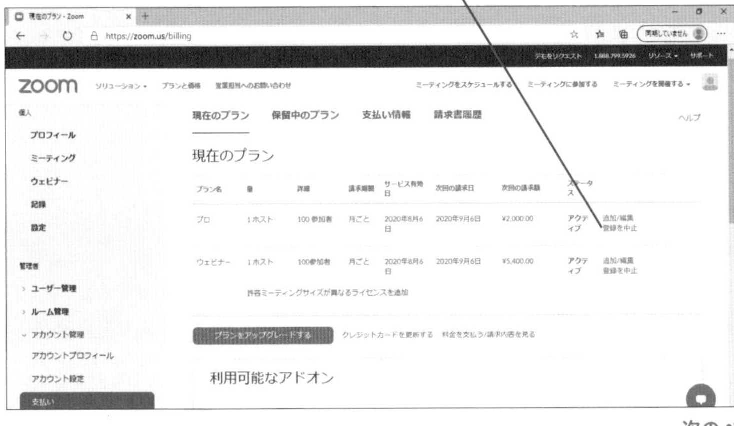

次のページに続く⟶

3 登録を中止する

プランを中止する際の注意事項が表示された

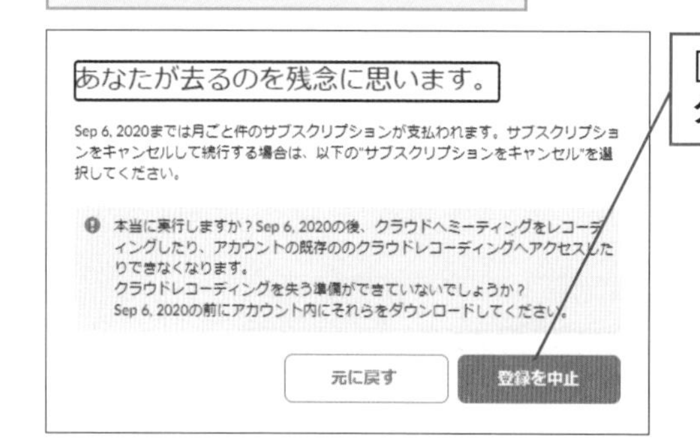

［登録を中止］を**クリック**

4 中止の理由を選択する

中止理由の選択画面が表示された

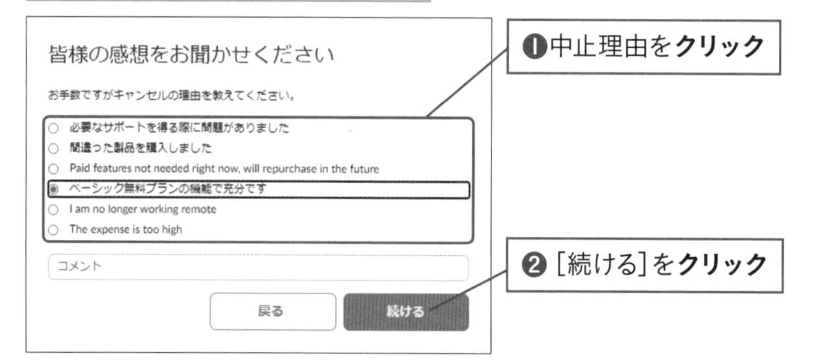

すべての有料プランを中止した後、無料アカウントと同じ手順でアカウントを終了する

HINT 有料プランを退会すると

Zoomの有料プランを退会するとその時点から料金は発生しません。退会までに支払い通知メールが来ていれば、その料金は引き落とされますが、それ以降の使用料は一切請求されません。

困ったときには

Zoomにはヘルプセンターというトピックごとにまとめられたヘルプページが用意されています。Zoomの使い方など疑問がある場合はまずヘルプセンターで検索し、答えが用意されていないか調べてみましょう。それでもわからない場合はサポートに問い合わせることもできます。

1 Zoomヘルプセンターを表示する

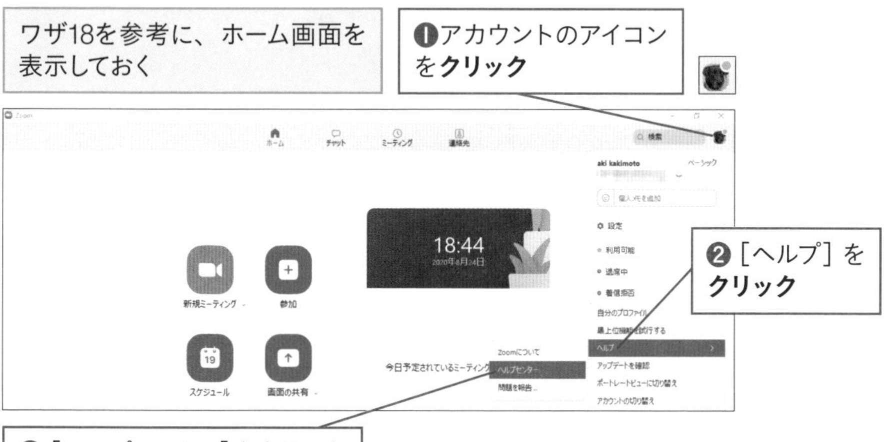

2 ヘルプセンターが表示された

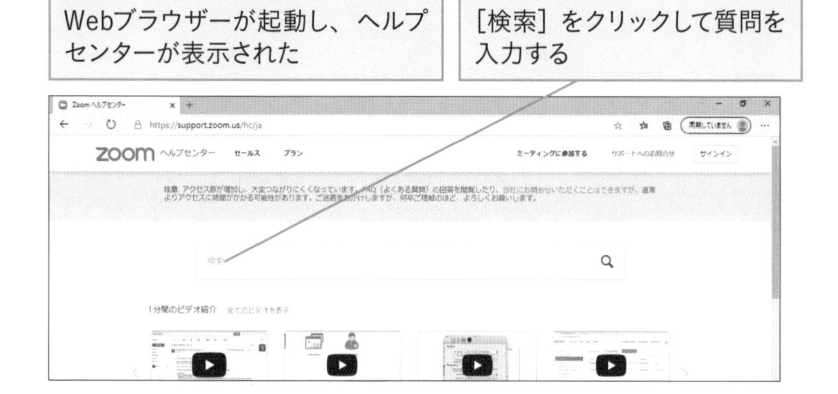

COLUMN

アプリをインストールせずにZoomを利用する

読者の皆さんはZoomを利用するため、すでにパソコンにアプリをインストールしていると思いますが、勤務先のルールによってアプリのインストールが禁止されていたり、家族や友だちに借りたパソコンでミーティングに参加したいといった場面があるかもしれません。
そのような場合、実はアプリをインストールしなくても、通常のWebブラウザーだけを使ってZoomのミーティングに参加することができます。ただし、この機能を利用するためにはホスト側で設定が必要です。
ホストは、ワザ20を参考にWebサイトの［プロフィール］の画面にアクセスし、ログインした上で［設定］をクリックします。画面を下へスクロールし、［「ブラウザから参加する」リンクを表示します］をクリックしてオンにします。この状態でいつものように招待リンクを発行します。
参加者がリンクをクリックすると「アプリケーションをダウンロードまたは実行できない場合は、ブラウザから起動してください。」と表示されるので、［ブラウザから起動してください。］をクリックすれば、そのままWebブラウザーでミーティングに参加できます。

［「ブラウザから参加する」リンクを表示します］を**クリック**

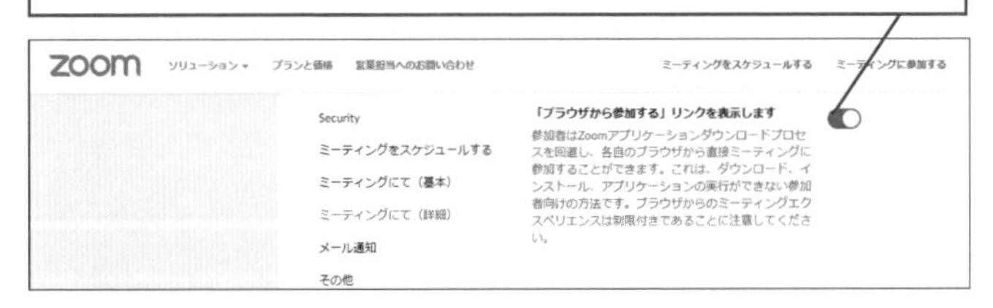

第6章

ウェビナーを開催しよう

ウェビナーとは

ウェビナーとは、「ウェブ」と「セミナー」を合わせた言葉です。Zoomでは、通常のビデオ会議を行うための「ミーティング」のほかに、講義を行う側と出席者とが明確に分かれる「ウェビナー」機能があります。大規模なイベントや公開放送を行う場合に適しています。

オンライン研修や授業に最適

Zoomのウェビナーでは、最大10,000人の視聴者に対してオンラインセミナーを開催することができます。通常のミーティングとは異なり、ホスト（開催者）と出席者（一般の参加者）のほかにパネリスト（講演者）という役割があり、それぞれできることが異なっています。ただし、パネリストの設置は必須ではありません。ホストが兼任することも可能です。

●ホスト

ホストはウェビナーの開催者にあたります。開催日を決めたり、パネリスト（講演者）と出席者を招待したり、ウェビナーの開始や終了を行うなどの管理を行う役割もあります。ホストになれるのは1人ですが多くの権限を持つ共同ホストを設定することもできます。

●パネリスト

パネリストは、ビデオ送信や画面共有など一般の参加者にはないさまざまな権限を持っています。ホストによってあらかじめ「パネリスト」として招待され、参加しておく必要があります。

●出席者

一般の参加者です。基本的にはビデオを視聴する側であり、ホストが許可すれば音声や質疑応答などを使ってホストやパネリストに意見や質問を伝えることができます。

ミーティングとウェビナーの違い

ウェビナーでは、通常のミーティングと異なりそれぞれの役割によってできることが大きく異なります。例えばウェビナーでは、出席者はホストが許可しないと自分の音声を送ることはできません。また、映像を送ったりファイルを送ることはできません。その代わり質疑応答やアンケート機能などがあり、オフラインのセミナーのように出席者から反応してもらうことができます。

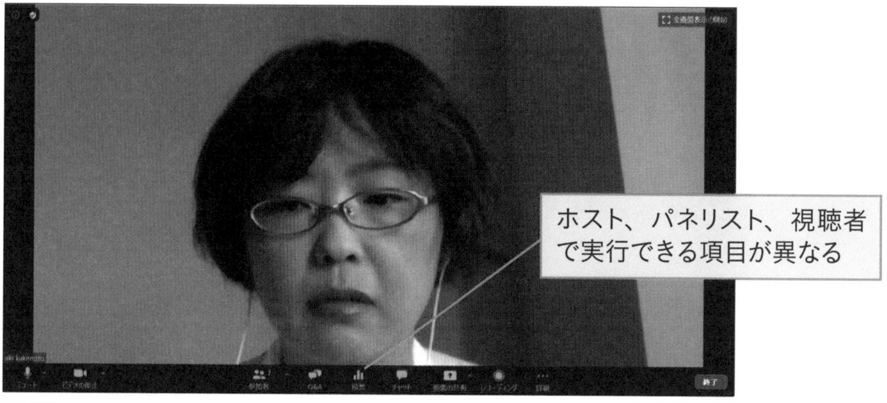

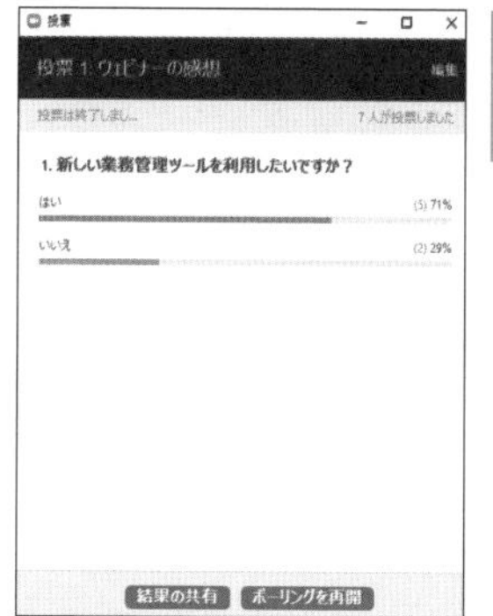

ウェビナーでは質疑応答やアンケートを実施できる

HINT ウェビナーの開催には有料アカウントが必要

ウェビナーを開催するためには、有料アカウントにアップグレードし、「プロ」「ビジネス」のプランの場合は、さらに「ウェビナー」のアドオンをオプションとして追加する必要があります。料金は月額払い、または1年間の一括払いも可能です。最大人数によってオプションの料金は異なり、出席者が100名までは月額5,400円、500名までは18,800円、1,000名までは45,700円などとなっています。

Zoom

57

ウェビナーをはじめる

ウェビナーをスケジュールする

ウェビナーを開催する際には、あらかじめスケジュールを作成し、ウェビナーの詳細を決定しておく必要があります。ウェビナーのタイトルや開催日時、所要時間など必要な情報を設定しておきます。質疑応答の受付、リハーサルを行うなど詳細な設定も可能です。

第6章 ウェビナーを開催しよう

1 ウェビナーの作成を開始する

ワザ20を参考に、Webブラウザーで[プロフィール]の画面を表示しておく

❶[ウェビナー]を**クリック**

❷[ウェビナーをスケジュールする]を**クリック**

2 トピック名を入力する

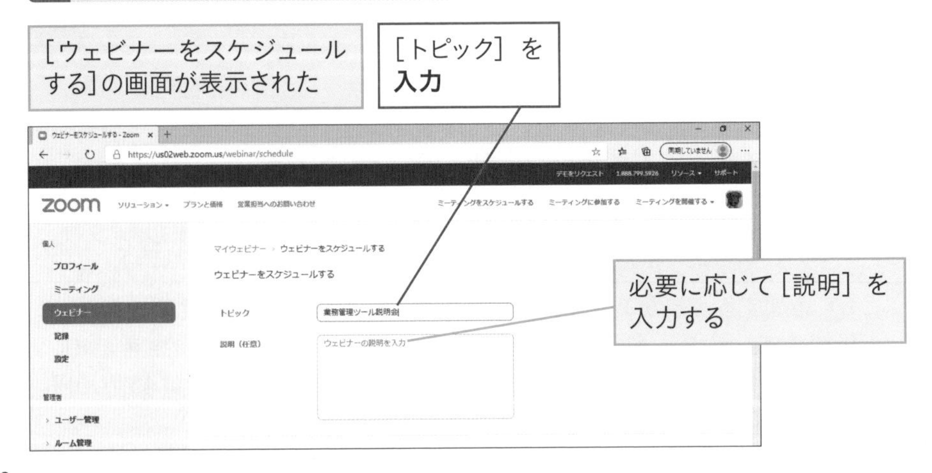

3 開催日時を設定する

❶［開催日時］のカレンダーアイコンを**クリック**

❷日付を**クリック**

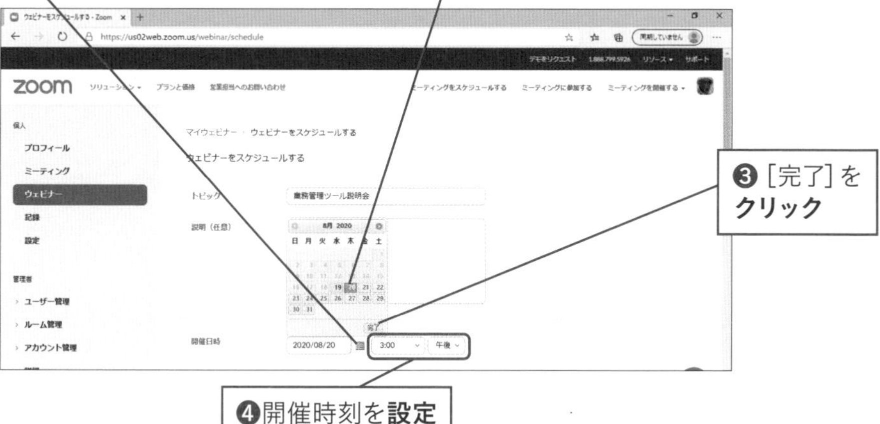

❸［完了］を**クリック**

❹開催時刻を**設定**

4 所要時間を設定する

続けて、所要時間を2時間に設定する

❶［1］を**クリック**

❷［2］を**クリック**

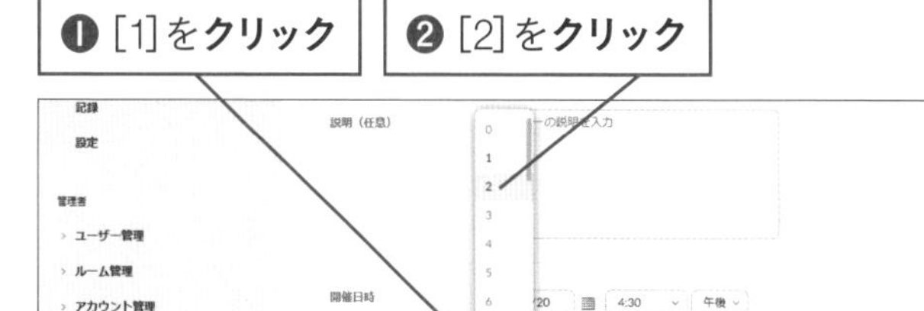

所要時間を2時間に設定できた

HINT 作成済み・開催済みのウェビナーを確認するには

スケジュール済みのウェビナーは、手順1の画面に表示されます。開催済みのウェビナーを表示するには［過去のウェビナー］タブをクリックします。これまでに開催したウェビナーの一覧が表示されます。

次のページに続く

5 ビデオをオンに設定する

[タイムゾーン] から [ウェビナーパスコード] の設定はそのままで操作を進める

ここではホストとパネリストのビデオをオンに設定する

[ホスト] と [パネリスト] の [オン] を**クリック**

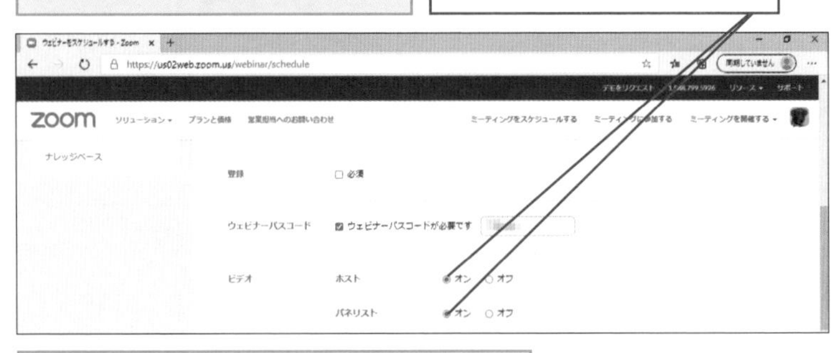

[音声]の設定はそのままで操作を進める

HINT そのほかの設定について

手順で紹介した以外にも、次の設定を行うことができます。必要に応じて設定し直してください。

- [タイムゾーン]：海外での視聴者が対象の場合は、タイムゾーンの変更を行いましょう
- [登録]：[必須] をクリックしてチェックマークを付けた場合、出席者にはまず事前登録用のURLがメールで送付されます。出席者が事前登録用ページで名前やメールアドレスを登録すると、あらためて接続先のURLがメールで送付されます
- [ウェビナーパスコード]：チェックマークを付けると、ウェビナー IDを入力して参加する場合には、パスコードの入力が必要になります
- [音声]：[両方]のままで問題ありません。ただし電話での参加を想定している場合は [編集]をクリックし、 [日本]を追加しておきましょう
- [ウェビナー]：[質疑応答] にチェックマークが付いていると、出席者が質問を行えるようになります (ワザ66を参照)

6 そのほかの設定を確認する

❶画面を下に**スクロール**

❷［ウェビナー］の設定を**確認**

❸［スケジュール］を**クリック**

7 ウェビナーが作成できた

ウェビナーが作成できた

ワザ58～59を参考に、［招待状］タブから出席者やパネリストを招待する

1 基本
2 参加
3 開催
4 スマートフォン
5 便利ワザ
6 ウェビナー

ウェビナーをはじめる

出席者を招待する

ウェビナーの参加には、URLやパスコードが必要になります。ウェビナーをスケジュールしたら、出席者に対して必要な情報の送付を行いましょう。ウェビナーの参加を希望する人に、開始日時やトピックとあわせて、メールやメッセージなどで伝えましょう。

1 [参加者の招待状をコピー]の画面を表示する

ワザ60を参考にウェビナーの詳細画面を表示し、画面下の[招待状]タブを表示しておく

[招待状のコピー]を**クリック**

2 招待状をコピーして送信する

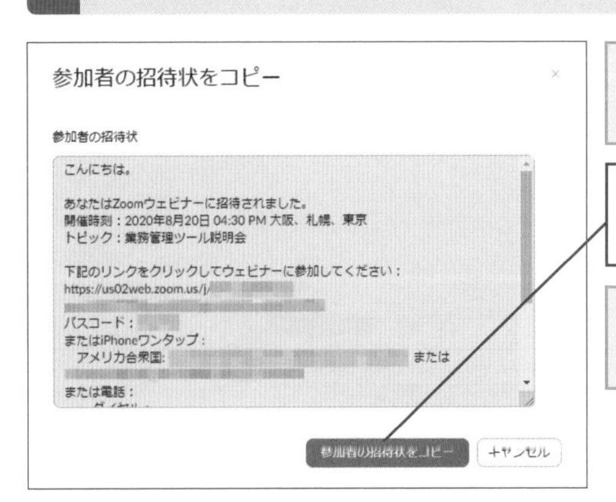

[参加者の招待状をコピー]の画面が表示された

[参加者の招待状をコピー]を**クリック**

コピーした招待状をメールなどで参加者に送信する

パネリストを招待する

ウェビナーで講演してもらう人を「パネリスト」といいます。パネリストは、一般の出席者と異なり、名前やメールアドレスを登録する必要がありますので、あらかじめ確認しておきましょう。パネリストには、参加URLを記載した招待状がメールで送信されます。

1 [パネリスト]の画面を表示する

ワザ60を参考にウェビナーの詳細画面を表示し、画面下の［招待状］タブを表示しておく

［編集］を**クリック**

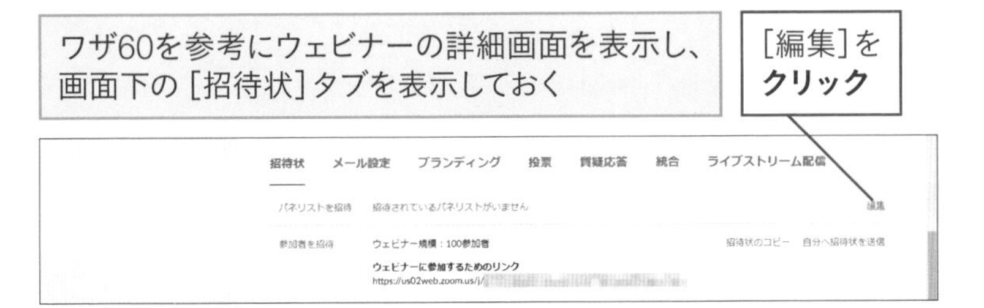

2 メールアドレスを入力する

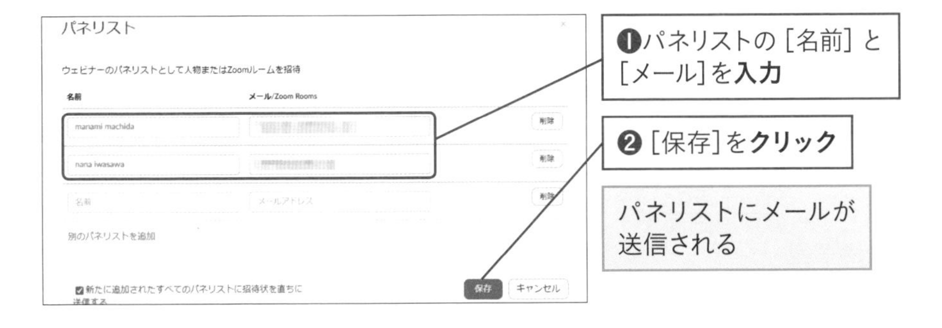

❶パネリストの［名前］と［メール］を**入力**

❷［保存］を**クリック**

パネリストにメールが送信される

3 パネリストを招待できた

パネリストの名前とメールアドレスが表示された

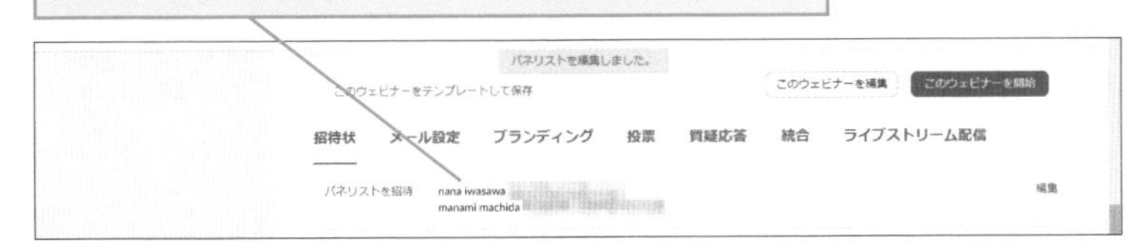

ウェビナーを開始する

ウェビナーの開催時間になったら、ホストは「開始」の操作を行います。この操作はホストしか行うことができません。あらかじめ設定した開催時間になっても、自動的にウェビナーがはじまるわけではないので、ホストは開始時間に遅れないようにしましょう。

1 ウェビナーの詳細画面を表示する

ワザ57を参考に［ウェビナー］の画面を表示しておく

❶開始するウェビナーのトピック名を**クリック**

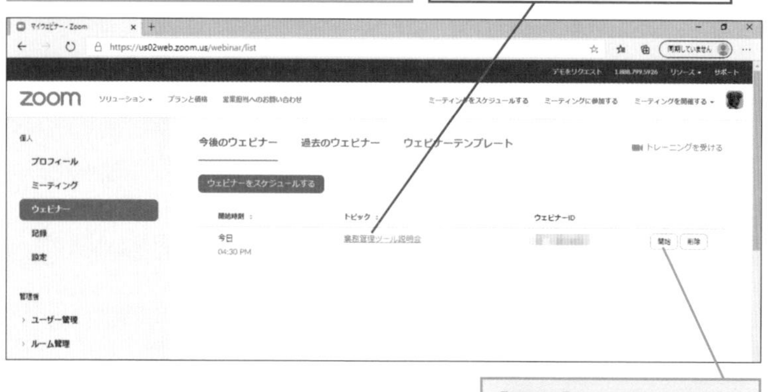

［開始］をクリックするとすぐに開始できる

ウェビナーの詳細画面が表示された

❷［このウェビナーを開始］を**クリック**

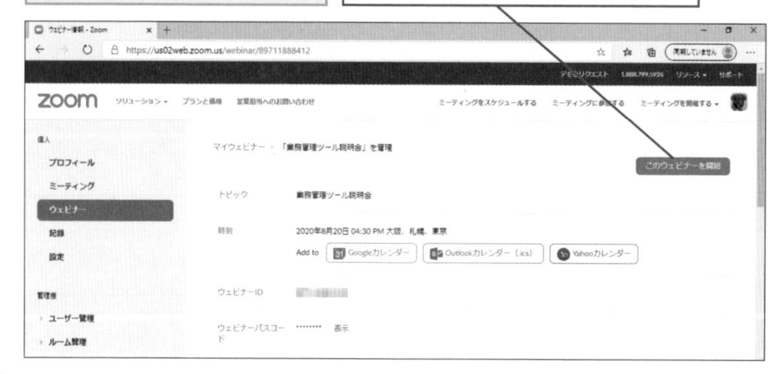

2 Zoomアプリを起動する

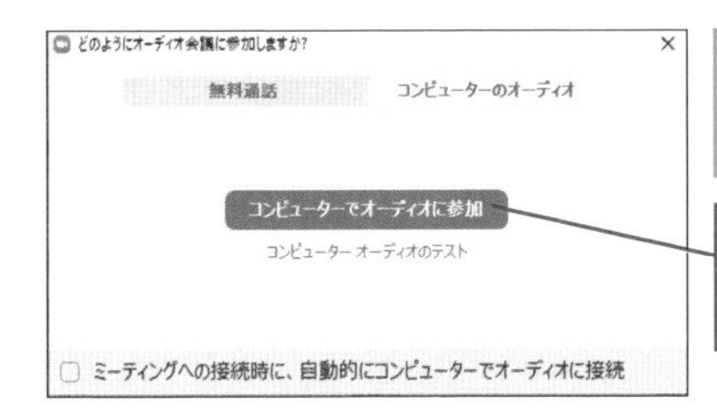

Zoomの起動を確認する画面で[開く]をクリックする

[コンピューターでオーディオに参加]を**クリック**

3 ウェビナーが開始できた

ホストしてウェビナーを開始できた

ミーティングとは異なる項目が表示される

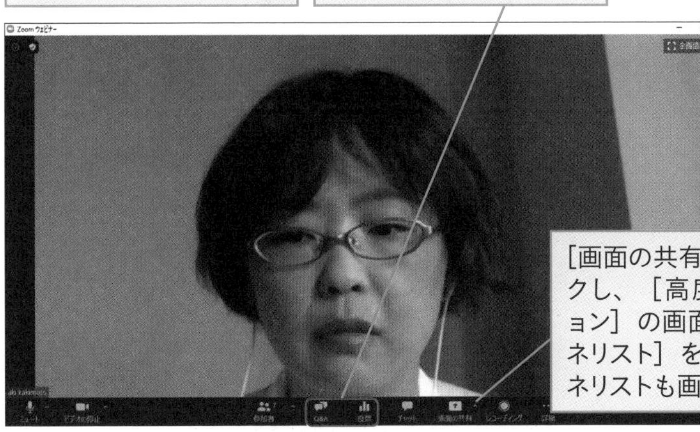

[画面の共有]のここをクリックし、[高度な共有オプション]の画面で[すべてのパネリスト]を選択すると、パネリストも画面を共有できる

HINT リハーサルをするには

実際のウェビナーをはじめる前に、あらかじめパネリストとホストだけの「リハーサル」を行うことができます。ウェビナーのスケジュールを行う際に、[ウェビナー]の設定で[実践セッションを有効にする]にチェックマークを付けます(151ページの手順6を参照)。ウェビナーを開始すると、まず「実践セッション」がはじまります。実践セッションは一般の出席者には配信されません。問題がないことを確認してから[ウェビナーを開始日時]をクリックすれば、本番の配信がはじまります。

出席者を管理する

ホストは、ウェビナーの出席者の一覧を確認し、管理することができます。出席者に発言してもらいたいときは、発言の許可を行いましょう。また、出席者をパネリストに格上げすることも可能です。万が一、問題のある視聴者がいた場合は、強制的に退出させることもできます。

1 [参加者]の画面を表示する

ワザ60を参考にウェビナーを開始しておく

❶[参加者]を**クリック**

[参加者]の画面の[パネリスト]タブにホストとパネリストの一覧が表示される

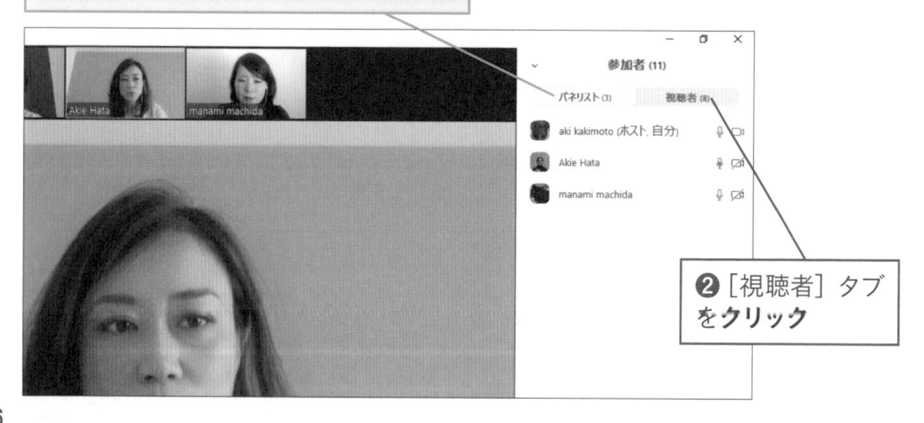

❷[視聴者]タブを**クリック**

2 視聴者の一覧が表示された

[視聴者] タブが表示された

視聴者名を**クリック**

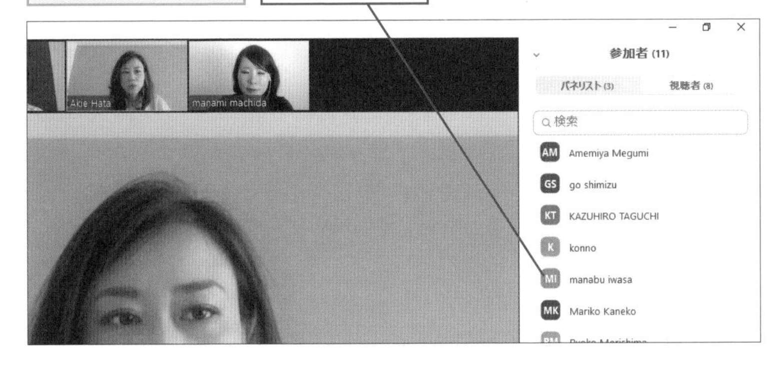

3 [詳細]のメニューを確認する

[詳細]を**クリック**

[トークを許可] をクリックすると、視聴者が発言できるようになる

HINT パネリストを共同ホストに昇格させる

共同ホストは、ホストに準じた権限を持つ役割です。共同ホストにするには、パネリストを昇格させます。手順1の画面でパネリスト名をクリックし、[詳細]をクリックすると、パネリストを共同ホストに昇格させることができます。

次のページに続く→

4 視聴者の設定を変更する

［パネリストに昇格］をクリックすると、
視聴者をパネリストに変更できる

HINT 視聴者が手を挙げたときの確認方法

視聴者から質問を受け付けられるのは、ウェビナーの利点ですが、好きな人が勝手に話してしまっては、スムーズな運営ができません。質問がある人は、まず［手を挙げる］をクリックしてもらい、ホストは手を挙げている人の中から選んで発言の許可を行うようにするとよいでしょう。また、あらかじめチャットや質問機能で質問内容を送ってもらうのもよいでしょう。

視聴者が［手を挙げる］をクリックすると、［○○（視聴者名）が手を挙げました］と表示される

［参加者］を**クリック**

［参加者］の［視聴者］タブでアイコンが表示される

定期開催のウェビナーをスケジュールする

定期的に繰り返し開催するウェビナーは、あらかじめ定期開催の設定をすることで、開催ごとに新しくスケジュールをする必要がなくなります。終了日も指定できるので、回数が決まっている授業やセミナーなどを開催するときにもとても便利です。

1 ウェビナーを作成する

ワザ57を参考にウェビナーのトピックと日時を設定しておく

［定例開催ウェビナー］を**クリック**

2 定例開催の設定を開始する

定例開催の設定項目が表示された

［毎日］を**クリック**

次のページに続く→

3 定例開催の頻度を設定する

ここでは、毎週月曜日に開催するよう設定する

❶［週ごと］をクリック

［次の頻度でリピート］を変更すると、隔週開催などが設定できる

❷［月曜］をクリック

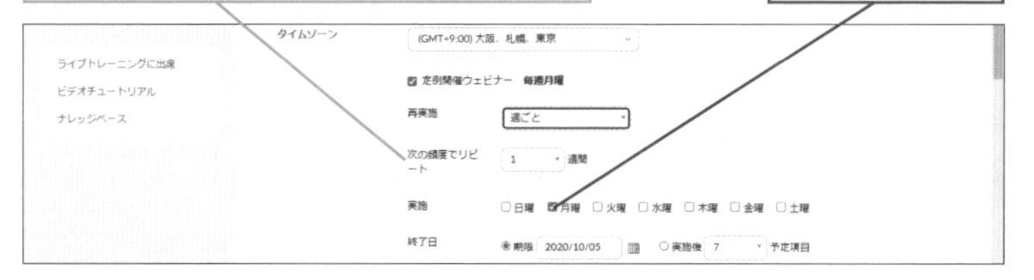

❸画面下の［スケジュール］を**クリック**

4 定例ウェビナーが設定できた

定例のウェビナーが作成できた

HINT 開催頻度に応じて設定できる

上記で説明したほかにも、開催頻度に応じた柔軟な設定が可能です。例えば、月曜と金曜など週に数回実施したり、2週に1回、毎月第2月曜日などの指定をすることもできます。

Zoom

ウェビナーの質にもこだわろう

通常のミーティングと違い、ウェビナーでは講演者が主役です。画面の映り具合や音質などを気にすることで、講演内容がよく伝わり、視聴者に与える印象もがらりと変わります。ここでは、高品質なウェビナーを実現する機材やコツを紹介します。

映像にこだわる

カメラや照明などの機材を用意すると、映像の質は大きく改善されます。それほど高価なものでなくても、映りが違うのがわかります。

●外付けカメラを用意する

一般的なビデオ会議では、ノートパソコンに付属するカメラを使っている人も多いと思いますが、別途カメラを用意すると、高画質で配信できるようになります。また、設置場所の自由度も上がり、カメラ目線で講演者を撮影できます。カメラの設置には三脚を用意すると便利です。
一般的な外付けカメラには、Webカメラと呼ばれるカメラがあります。さまざまな価格帯のものが販売されていますが、購入する際には画素数だけでなく、レンズ画角にも気を付けましょう。ビデオ会議用をうたったWebカメラには広角レンズのものも多く、講演者が1人の場合には適しません。また、スマートフォンを使う方法もあります。スマートフォンのカメラには高品質のものも多いので、試してみるとよいでしょう。「iVCam」などのアプリを使うと、パソコンの外付けカメラとして利用できます。
さらに高画質にしたいときは、一眼レフのデジタルカメラを利用する方法もあります。キャプチャーデバイスや配信用のソフトを使用することで、Webカメラとして利用できるようになりますが、最近では各カメラメーカーが自社製品をWebカメラとして使えるようにするためのソフトを配布している場合もあります。

一眼レフのデジタルカメラでも撮影できる

次のページに続く→

●照明に気を使う

普通の環境では、照明が暗くなりがちです。逆光にならないように気を付けるだけでも映りが違ってきますが、別途照明を用意するのが効果的です。小型の撮影用ライトには、安価なものもたくさんあります。明るさを変更したり、色味を変えられるものもあります。

LEDリングライトの使用例

●複数のカメラを使う

正面からの映像だけでなく、斜めの角度や全身、周囲の様子など、複数のカメラで撮影した映像を切り替えて使うと、バリエーション豊かな映像になります。カメラを切り替えて投影したいときには、ビデオスイッチャーという機器を使うと便利です。複数のカメラやパソコンからの映像入力を1つにまとめて、切り替えられるようになります。資料表示用のパソコンをつないでおけば、Zoom上で[画面の共有]を行わなくても、資料が投影できます。ビデオスイッチャーには、画面の一部に小さく別の画面をインサートするなどの機能が付属しているものもあります。画面とカメラを同時に写すだけなら、Zoomの機能でも可能です（ワザ44）。

ワザ44を参考に、共有するPowerPointファイルに顔を表示しながら説明する

●出席者アカウントで確認する

Zoomのウェビナー機能では、視聴者側でどう映っているかの確認がホスト側からはできません。そのため、別途パソコンやスマートフォンを用意し、出席者のアカウントで参加して、映り方を確認するとよいでしょう。

音声にこだわる

音の聞きやすさも、ウェビナーの重要なポイントです。

●外付けマイクを使う

ノートパソコンに付属するマイクやWebカメラに付属するマイクは、周囲の音を拾いやすく、またあまり音質もよくないためお勧めできません。別途マイクを用意すると、音声が格段に聞きやすくなります。
マイクには、周囲の音を拾いやすい「無指向性」と、マイクを向けた方向の音だけを拾う「単一指向性」、さらに狭い範囲の音を拾う「鋭指向性」などがあります。ウェビナーでは、特定の人の話している声を配信したいため、単一指向性か鋭指向性のマイクを選ぶとよいでしょう。
また、講演者側にも注意が必要です。マイクと口との距離が離れると、音が不安定になります。

●オーディオインターフェイスを使う

BGMをかけたり、もともと持っている高性能なマイクを使いたいときは、オーディオインターフェイスを使うとよいでしょう。音声入力端子に複数の機器をつなぎ、ミックスして流すことも可能になります。

GO:LIVECAST（ローランド株式会社）

スマートフォンで撮影しながら配信できるライブ配信用デバイス「GO:LIVECAST」などもある

ウェビナーに参加しよう

ホスト以外がウェビナーに参加するには、あらかじめホストから招待メールを受けとるなどして、参加情報を知っておく必要があります。指定された時間になったら参加しましょう。ホストがパネリストや視聴者を招待する方法については、ワザ58 ～ 59を参照してください。

パネリストとして参加する

1 招待メールを確認する

メールのアプリで招待メールを表示しておく

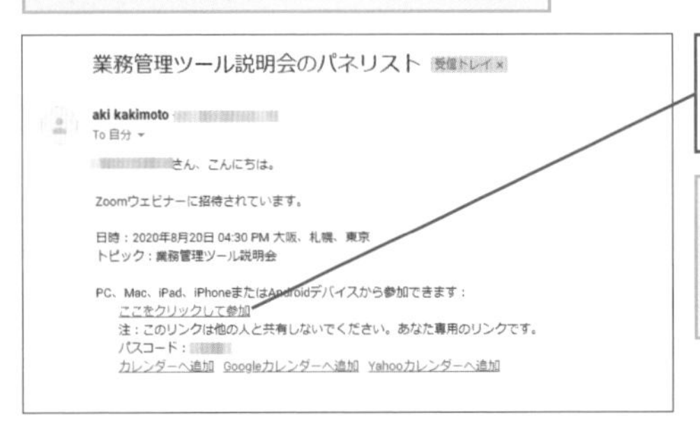

業務管理ツール説明会のパネリスト 受信トレイ ×

aki kakimoto
To 自分

さん、こんにちは。

Zoomウェビナーに招待されています。

日時：2020年8月20日 04:30 PM 大阪、札幌、東京
トピック：業務管理ツール説明会

PC、Mac、iPad、iPhoneまたはAndroidデバイスから参加できます：
ここをクリックして参加
注：このリンクは他の人と共有しないでください。あなた専用のリンクです。
パスコード：
カレンダーへ追加 Googleカレンダーへ追加 Yahooカレンダーへ追加

［ここをクリックして参加］を**クリック**

Zoomの起動を確認する画面が表示されるので、［開く］をクリックする

2 ウェビナーの画面が表示された

パネリストとしてウェビナーに参加できた

視聴者として参加する

1 招待メールを確認する

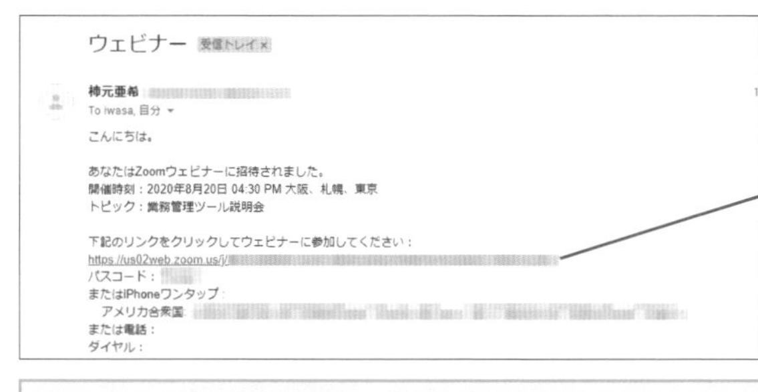

メールのアプリで招待メールを表示しておく

リンクを**クリック**

Zoomの起動を確認する画面が表示されるので、[開く]をクリックする

2 メールアドレスと表示名を入力する

❶メールアドレスと表示名を**入力**

❷[Webセミナーに参加]を**クリック**

3 ウェビナーの画面が表示された

視聴者としてウェビナーに参加できた

ウェビナー中にアンケートをとる

ウェビナー開催中に、出席者に対してアンケートをとることができます。アンケートの作成や投票の開始・終了ができるのはホストだけです。アンケート結果は自動的に保存され、［過去のウェビナー］で、該当するウェビナーを表示して、下部の［投票］タブから確認できます（149ページのHINT参照）。

1 アンケートを開始する

ワザ60を参考にウェビナーを開始しておく

［投票］を**クリック**

2 質問を追加する

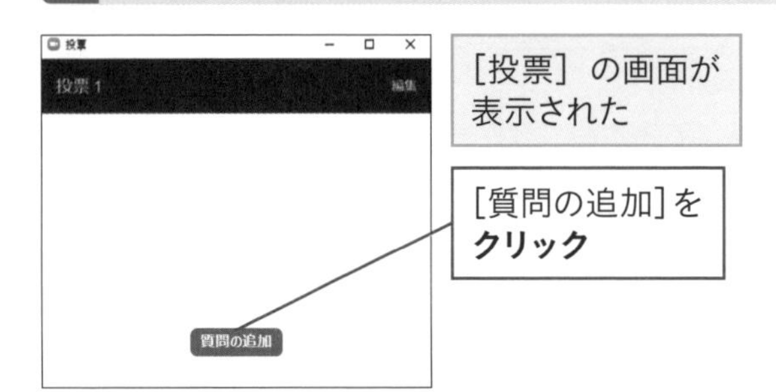

HINT アンケートに回答するには

手順4でホストが［投票の起動］をクリックすると、出席者側では回答画面が表示されます。アンケートに答えるには、いずれかの選択肢を選んで［送信］をクリックします。なお、アンケートに答えたくないときは、右上の［閉じる］をクリックしてダイアログボックスを閉じることもできます。

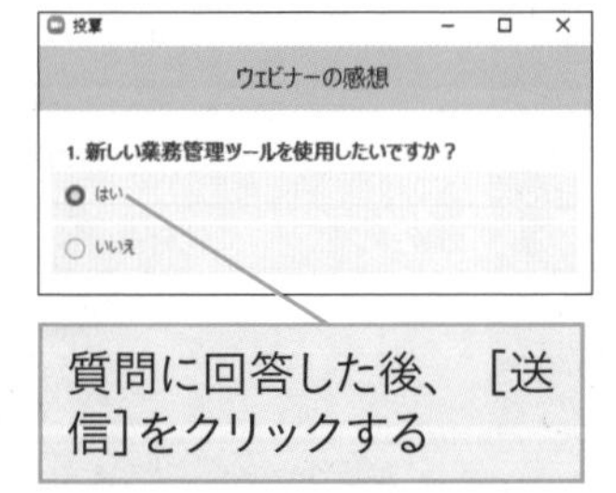

3 質問と選択肢を作成する

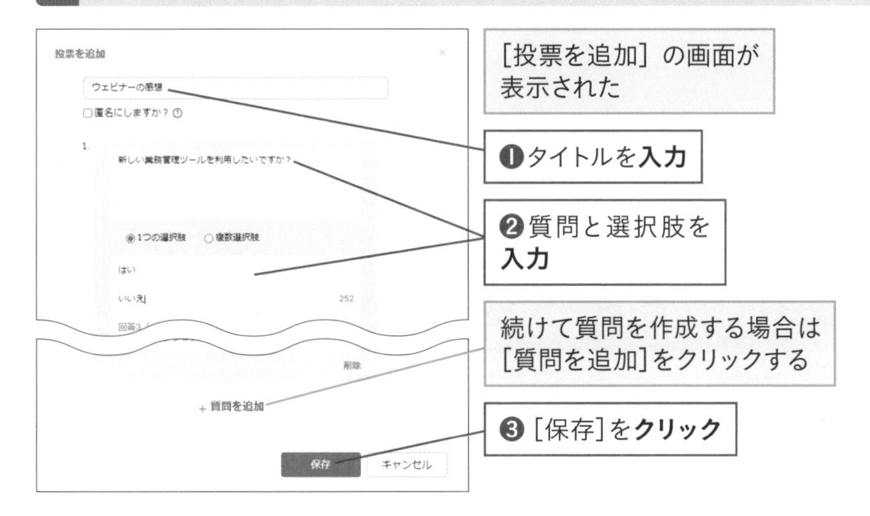

4 投票を開始する

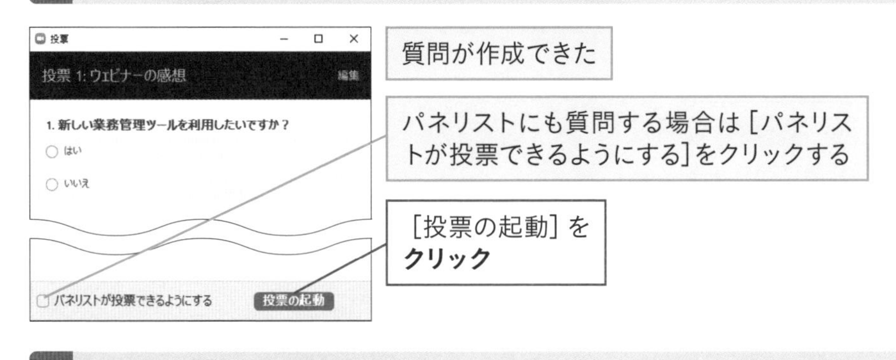

5 アンケート結果が表示された

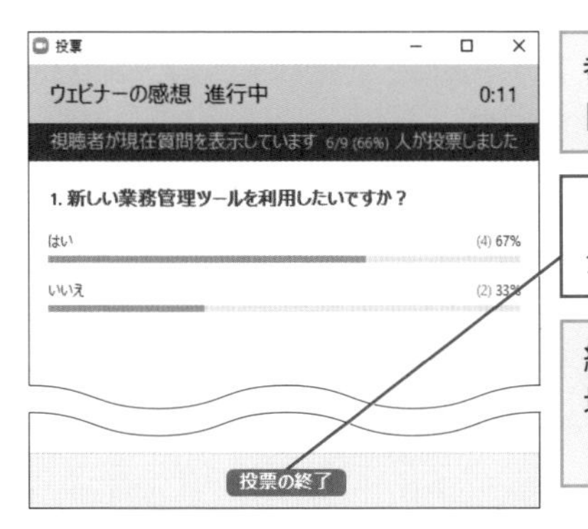

参加者が回答すると、結果が自動的に表示される

[投票の終了] をクリック

結果をパネリストと出席者にも見せたい場合は、次の画面で [結果の共有]をクリックする

66

アンケート

出席者から質問を受け付ける

ウェビナー開催中に、出席者から質問を入力してもらうことができます。ホストとパネリストは質問に対する回答を入力することができます。音声での質疑応答も可能ですが、より多くの人から質問を受け付けたい場合や、質問内容をあらかじめ知っておきたいときに便利です。

ホストまたはパネリストとして質問に回答する

1 [質問と回答]の画面を表示する

ワザ60を参考にウェビナーを開始しておく

視聴者から質問が届くと、[Q&A]にバッジが表示される

[Q&A]を**クリック**

2 質問に回答する

[開く]タブに質問が表示された

ここでは、回答を入力する

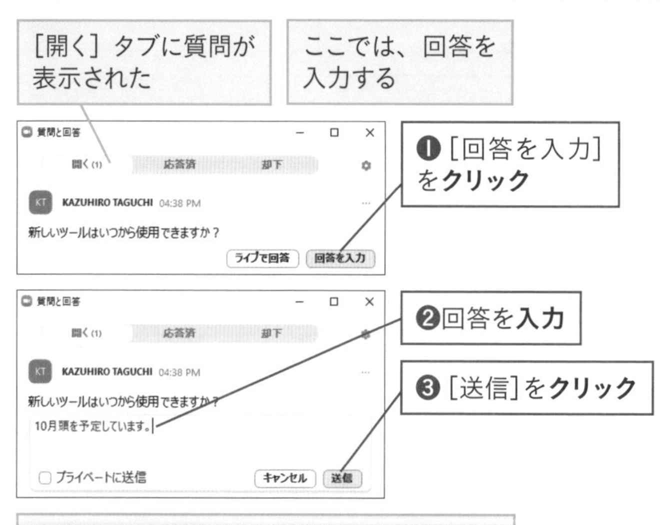

❶[回答を入力]を**クリック**

❷回答を**入力**

❸[送信]を**クリック**

回答済みの質問は[応答済]タブへ移動する

視聴者として質問する

1 [質問と回答]の画面を表示する

ワザ64を参考にウェビナーに視聴者として参加しておく

[Q&A]を**クリック**

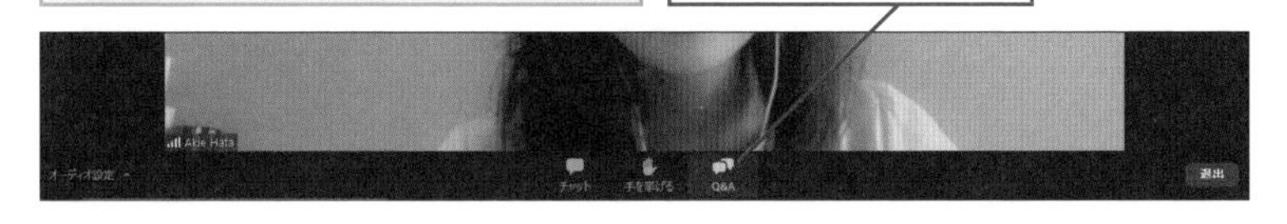

2 質問を送信する

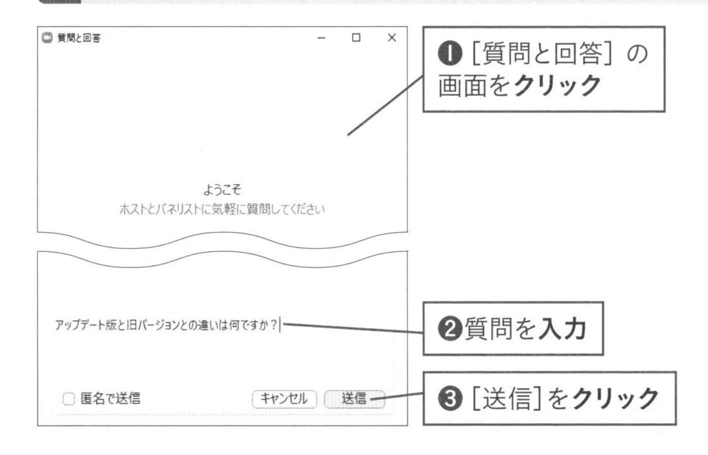

❶[質問と回答]の画面を**クリック**

❷質問を**入力**

❸[送信]を**クリック**

3 質問が送信できた

質問が送信できた

ホストまたはパネリストが回答すると、自動的に表示される

COLUMN

ウェビナーをYouTubeやFacebook Liveで配信しよう

Zoomでウェビナーを開催する場合、参加者の人数には上限があります。もっと多くの人に見てもらいたいときは、YouTubeやFacebook Liveで配信してみましょう。Zoomのウェビナーで配信している内容を、そのまま同時配信することが可能です。Zoomの質疑応答やアンケートなどの機能は使えませんが、それぞれのサービス上でコメントを書いてもらうこともできます。
ウェビナーを開始したら、画面下部の［詳細］をクリックし、配信先を選びます。するとそれぞれのサービスに接続されるので、公開範囲等の設定をすれば、すぐに配信がはじまります。

●YouTubeの配信画面

●Facebook Liveの配信設定画面

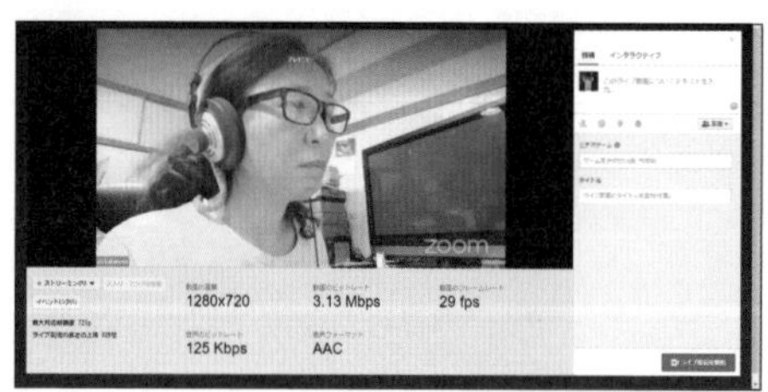

索引

アルファベット

あ

■著者

田口和裕（たぐち かずひろ）

タイ在住のフリーライター。ウェブサイト制作会社から2003年に独立。雑誌、書籍、ウェブサイトなどを中心に、ソーシャルメディア、クラウドサービス、スマートフォンなどのコンシューマー向け記事や、企業向けアプリケーションの導入事例といったエンタープライズ系記事など、IT全般を対象に幅広く執筆。著書は「ゼロからはじめるテレワーク実践ガイド ツールとアイデアで実現する「どこでも仕事」完全ノウハウ（できるビジネス）」（インプレス・共著）など多数。
Amazon著者ページ：http://amzn.to/hvm19A

森嶋良子（もりしま りょうこ）

フリーライター、エディター。編集プロダクション勤務の後フリーランスとして独立、現在は独立行政法人の研究員も兼任。ITに軸足を置き、初心者向けガイドや企業インタビューなどを執筆している。趣味はごちゃごちゃした街の散策。著書に「今すぐ使えるかんたん ぜったいデキます！ タブレット 超入門」（技術評論社）、「ゼロからはじめるテレワーク実践ガイド ツールとアイデアで実現する「どこでも仕事」完全ノウハウ（できるビジネス）」（インプレス・共著）など。

毛利勝久（もうり かつひさ）

IT系ライター・編集者。1995年ごろからインターネット関連書籍の編集に携わる。オープンソースおよびソーシャルメディアの領域を中心に執筆・編集活動を行い、現在は国内ブログメディア事業者に勤務。
Twitter：@mohri
ブログ: http://mohritaroh.hateblo.jp/

STAFF

カバーデザイン	伊藤忠インタラクティブ株式会社
本文フォーマット	株式会社ドリームデザイン
本文イメージイラスト	ケン・サイトー
DTP制作／編集協力	株式会社トップスタジオ
カバーイメージ画像	© Iván Moreno - stock.adobe.com
	© naka - stock.adobe.com
	© taka - stock.adobe.com
	© hanack - stock.adobe.com
デザイン制作室	今津幸弘 <imazu@impress.co.jp>
	鈴木　薫 <suzu-kao@impress.co.jp>
編集	渡辺彩子 <watanabe-ay@impress.co.jp>
編集長	柳沼俊宏 <yaginuma@impress.co.jp>

■商品に関する問い合わせ先
インプレスブックスのお問い合わせフォームより入力してください。
https://book.impress.co.jp/info/
上記フォームがご利用頂けない場合のメールでの問い合わせ先
info@impress.co.jp
●本書の内容に関するご質問は、お問い合わせフォーム、メールまたは封書にて書名・ISBN・お名前・電話番号と該当するページや具体的な質問内容、お使いの動作環境などを明記のうえ、お問い合わせください。
●電話やFAX等でのご質問には対応しておりません。なお、本書の範囲を超える質問に関しましてはお答えできませんのでご了承ください。
●インプレスブックス（https://book.impress.co.jp/）では、本書を含めインプレスの出版物に関するサポート情報などを提供しておりますのでそちらもご覧ください。
●該当書籍の奥付に記載されている初版発行日から3年が経過した場合、もしくは該当書籍で紹介している製品やサービスについて提供会社によるサポートが終了した場合は、ご質問にお答えしかねる場合があります。

■落丁・乱丁本などの問い合わせ先
TEL 03-6837-5016
FAX 03-6837-5023
service@impress.co.jp
（受付時間／ 10:00-12:00、13:00-17:30 土日、祝祭日を除く）
●古書店で購入されたものについてはお取り替えできません。

■書店／販売店の窓口
株式会社インプレス 受注センター
TEL 048-449-8040
FAX 048-449-8041
株式会社インプレス 出版営業部
TEL 03-6837-4635

できるfit（フィット）
Zoom基本＋活用ワザ

2020年10月1日　初版発行
2021年 2 月1日　第1版第2刷発行

著　者　田口和裕・森嶋良子・毛利勝久 & できるシリーズ編集部

発行人　小川 亨

編集人　高橋隆志

発行所　株式会社インプレス
〒101-0051　東京都千代田区神田神保町一丁目105番地
ホームページ　https://book.impress.co.jp/

印刷所　音羽印刷株式会社
ISBN978-4-295-01010-4 C3055

Printed in Japan